教育部职业教育与成人教育司
全国职业教育与成人教育教学用书行业规划教材
"十二五"职业院校计算机应用互动教学系列教材

- **双模式教学**
  通过丰富的课本知识和高清影音演示范例制作流
  程双模式教学，迅速掌握软件知识

- **人机互动**
  直接在光盘中模拟练习，每一步操作正确与否，
  系统都会给出提示，巩固每个范例操作方法

- **实时评测**
  本书安排了大量课后评测习题，可以实时评测对
  知识的掌握程度

中文版
Flash CC
动画设计

编著／黎文锋　朱希伟

光盘内容
104个视频教学文件、
练习文件和范例源文件

☑双模式教学 ＋ ☑人机互动 ＋ ☑实时评测

海洋出版社
2015年·北京

内 容 简 介

本书是以基础实例讲解和综合项目训练相结合的教学方式介绍 Flash CC 的使用方法和技巧的教材。本书语言平实，内容丰富、专业，并采用了由浅入深、图文并茂的叙述方式，从最基本的技能和知识点开始，辅以大量的上机实例作为导引，帮助读者在较短时间内轻松掌握中文版 Flash CC 的基本知识与操作技能，并做到活学活用。

本书内容： 全书共分为 10 章，着重介绍了 Flash CC 应用基础；在 Flash 中进行绘图；内容和资源的管理；设计各种补间动画；动画创作的高级技巧；在动画中应用文本；应用声音、视频和滤镜；应用 ActionScript 编程等知识。最后通过 13 个综合范例介绍了使用 Flash CC 进行综合动画项目设计的方法与技巧。

本书特点： 1. 突破传统的教学思维，利用"双模式"交互教学光盘，学生既可以利用光盘中的视频文件进行学习，同时可以在光盘中按照步骤提示亲手完成实例的制作，真正实现人机互动，全面提升学习效率。2. 基础案例讲解与综合项目训练紧密结合贯穿全书，书中内容结合劳动部中、高级图像制作员职业资格认证标准和 Adobe 中国认证设计师（ACCD）认证考试量身定做，学习要求明确，知识点适用范围清楚明了，使学生能够真正举一反三。3. 有趣、丰富、实用的上机实习与基础知识相得益彰，摆脱传统计算机教学僵化的缺点，注重学生动手操作和设计思维的培养。4. 每章后都配有评测习题，利于巩固所学知识和创新。

适用范围： 适用于职业院校动画设计专业课教材；社会培训机构动画设计培训教材；用 Flash 从事动画设计、平面广告、影视设计、游戏设计等从业人员实用的自学指导书。

图书在版编目(CIP)数据

中文版 Flash CC 动画设计互动教程/黎文锋，朱希伟编著. —北京：海洋出版社，2015.1
ISBN 978-7-5027-9045-5

Ⅰ.①中⋯　Ⅱ.①黎⋯②朱⋯　Ⅲ. ①动画制作软件—教材　Ⅳ. ①TP391.41

中国版本图书馆 CIP 数据核字（2014）第 301374 号

总 策 划：刘　斌	发 行 部：(010) 62174379（传真）(010) 62132549
责任编辑：刘　斌	(010) 68038093（邮购）(010) 62100077
责任校对：肖新民	网　　　址：www.oceanpress.com.cn
责任印制：赵麟苏	承　　　印：北京画中画印刷有限公司
排　　版：海洋计算机图书输出中心　晓阳	版　　　次：2015 年 1 月第 1 版
出版发行：海洋出版社	2015 年 1 月第 1 次印刷
地　　址：北京市海淀区大慧寺路 8 号（716 房间）	开　　　本：787mm×1092mm　1/16
100081	印　　　张：20.5
经　　销：新华书店	字　　　数：492 千字
技术支持：(010) 62100055	印　　　数：1～4000 册
	定　　　价：38.00 元（含 1DVD）

本书如有印、装质量问题可与发行部调换

前　　言

Adobe Flash Professional CC 是用于动画制作、多媒体创作以及交互式设计网站的强大的顶级创作平台，程序内含强大的工具集，具有排版精确、版面保真的特性以及丰富的动画编辑功能，能帮助用户清晰地传达创作构思。

本书从 Flash CC 的程序安装和基础知识开始介绍，带领读者体验 Flash CC 的全新界面，以及文件管理、Flash 动画原理、时间轴的操作等基础内容，接着延伸到绘制形状、填充形状、编辑与修改对象和元件、创建与应用各类文本等 Flash CC 的常规功能的讲解，并全面介绍了 Flash CC 的动画入门知识、基本的补间动画创作、传统补间与补间形状动画的创建与编辑、各种动画创作的高级应用、声音和视频等多媒体内容的应用，以及使用 ActionScript 3.0 语言实现各种功能的方法，最后通过多个典型的动画实例上机训练和动画项目设计案例的介绍，使读者掌握综合应用 Flash 的各项功能创作动画作品的方法和技巧。

本书是"十二五"职业院校计算机应用互动教学系列教材之一，具有该系列图书轻理论重训练的特点，并以"双模式"交互教学光盘为重要价值体现。本书的特点主要体现在以下方面：

1. 高价值内容编排

本书内容依据职业资格认证考试 Flash 考纲的内容，针对 Adobe 中国认证设计师（ACCD）认证考试量身定做。通过本书的学习，可以更有效地掌握针对职业资格认证考试的相关内容。

2. 理论与实践结合

本书从教学与自学出发，以"快速掌握软件的操作技能"为宗旨，本书不但系统、全面地讲解软件功能的概念、设置与使用，并提供大量的上机练习实例，让读者可以亲自动手操作，真正做到理论与实践相结合，活学活用。

3. 交互多媒体教学

本书附送多媒体交互教学光盘，光盘除了附带书中所有实例的练习素材外，还提供了一个包含实例演示、模拟训练、评测题目三部分内容的双模式互动教学系统，让读者可以跟随光盘学习和操作。

- 实例演示：将书中各个实例进行全程演示并配合清晰的语音讲解，让读者体会到身临其境的课堂训练感受。
- 模拟训练：以书中实例为基础，使用交互教学的方式，可以让读者根据书中讲解，直接在教学系统中操作，亲手制作出实例的结果，让读者真正动手去操作，深刻地掌握各种操作方法，达到上机操作，无师自通的目的。
- 评测题目：教学系统中提供了考核评测题目，读者除了从教学中轻松学习知识之外，还可以通过题目评测自己的学习成果。

4. 丰富的课后评测

本书在章后提供了精心设计的填充题、选择题、判断题和操作题等类型的考核评估习题，让读者测评出自己的学习成效。

本书内容丰富全面、讲解深入浅出、结构条理清晰，通过书中的基础学习和上机练习实例，让初学者和动画设计师都能拥有实质性的知识与技能，是一本专为职业学校、社会培训班、广大动画制作的初、中级读者量身定制的培训教程和自学指导书。

本书是广州施博资讯科技有限公司策划，由黎文锋、朱希伟编著，参与本书编写与范例设计工作的还有李林、黄活瑜、梁颖思、吴颂志、梁锦明、林业星、黎彩英、周志苹、李剑明、黄俊杰、李敏虹、黎敏、谢敏锐、李素青、郑海平、麦华锦、龙昊等，在此一并谢过。在本书的编写过程中，我们力求精益求精，但难免存在一些不足之处，敬请广大读者批评指正。

编者

光盘使用说明

本书附送多媒体交互教学光盘，光盘除了附带书中所有实例的练习素材外，还提供了一个包含实例演示、模拟训练、评测题目三部分内容的双模式互动教学系统，读者可以跟随光盘学习和操作。

1. 启动光盘

从书中取出光盘并放进光驱，即可让系统自动打开光盘主界面，如下图 1 所示。如果是将光盘复制到本地磁盘中，则可以进入光盘文件夹，并双击【Play.exe】文件打开主播放界面，如图 2 所示。

图1

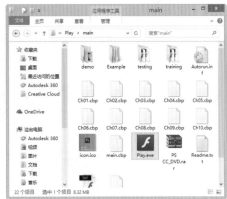

图2

2. 使用帮助

在光盘主界面中单击【使用帮助】按钮，可以阅读光盘的帮助说明内容，如图 3 所示。单击【返回首页】按钮，可返回主界面。

3. 进入章界面

在光盘主界面中单击章名按钮，可以进入对应章界面。章界面中将本章提供的实例演示和实例模拟训练条列显示，如图 4 所示。

图3

图4

4. 双模式学习实例

（1）实例演示模式：将书中各个实例进行全程演示并配合清晰语音的讲解，读者可以体会到身临其境的课堂训练感受。要使用演示模式观看实例影片，可以在章界面中单击 ⏸ 按钮，进入实例演示界面并观看实例演示影片。在观看实例演示过程中，可以通过播放条进行暂停、停止、快进／快退和调整音量的操作，如图 5 所示。观看完成后，单击【返回本章首页】按钮返回章界面。

图5

（2）模拟训练模式：以书中实例为基础，但使用了交互教学的方式，可以让读者根据书中讲解，直接在教学系统中操作，亲手制作出实例的结果。要使用模拟训练方式学习实例操作，可以在章界面中单击 ▶ 按钮。进入实例模拟训练界面后，即可根据实例的操作步骤在影片显示的模拟界面中进行操作。为了方便读者进行正确的操作，模拟训练界面以绿色矩形框作为操作点的提示，读者必须在提示点上正确操作，才会进入下一步操作，如图 6 所示。如果操作错误，模拟训练界面将出现提示信息，提示操作错误，如图 7 所示。

图6   图7

5. 使用评测习题系统

评测习题系统提供了考核评测题目，让读者除了从教学中轻松学习知识之外，更可以通过题目评测自己的学习成果。要使用评测习题系统，可以在主界面中单击【评测习题】按钮，然后在评测习题界面中选择需要进行评测的章，并单击对应章按钮，如图 8 所示。进入对应章的评测习题界面后，等待 5 秒即可显示评测题目。每章的评测习题共 10 题，包含填空题、选择题和判断题。每章评测题满分为 100 分，达到 80 分极为及格，如图 9 所示。

图8

图9

显示评测题目后，如果是填空题，则需要在【填写答案】后的文本框中输入题目的正确答案，然后单击【提交】按钮即可完成当前题目操作，如图 10 所示。如果没有单击【提交】按钮而直接单击【下一个】按钮，则系统将该题认为被忽略的题目，将不计算本题的分数。另外，单击【清除】按钮，可以清除当前填写的答案；单击【返回】按钮返回前一界面。

如果是选择题或判断题，则可以单击选择答案前面的单选按钮，再单击【提交】按钮提交答案，如图 11 所示。

图10

图11

完成答题后，系统将显示测验结果，如图 12 所示。此时可以单击【预览测试】按钮，查看答题的正确与错误信息，如图 13 所示。

图12   图13

6. 退出光盘

如果需要退出光盘，可以在主界面中单击【退出光盘】按钮，也可以直接单击程序窗口的关闭按钮，关闭光盘程序。

目　录

第 1 章 Flash CC 应用基础

学习目标

Flash CC 是用于动画制作、多媒体创作和交互式设计网站的强大创作平台。本章将介绍 Flash CC 应用程序界面、掌握文件管理和时间轴的基本操作等内容。

学习重点

☑ Flash CC 的界面组成
☑ Flash 支持的文件格式和管理文件
☑ 时间轴的基本操作
☑ 通过模板快速创建动画的技巧

1.1 设置用户界面

Flash CC 的用户界面经过重新设计，外观上有了很大改变，Flash 的用户界面现在有深色和浅色两个主题。深色用户界面允许用户在设计时，更多地关注舞台，而不是各种工具和菜单项。

选择【编辑】|【首选参数】命令，在打开的【首选参数】对话框中选择【常规】选线，然后在【用户界面】列表框中选择颜色深浅选项即可更改用户界面颜色，如图 1-1 所示。

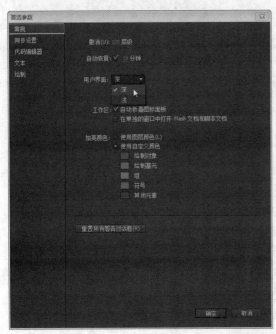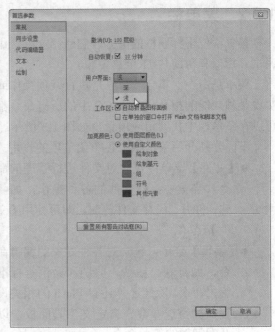

图 1-1 设置首选参数中的用户界面选项

1.2　认识 Flash CC

Adobe Flash Professional CC（后文简称 Flash CC）采用的是 64 位架构，只能安装在 64 位的操作系统上，因此极为显著地提升了 Flash 的性能，特别是在 Mac 上的性能，也为 Flash 未来的发展奠定了基础。

1.2.1　欢迎屏幕

默认情况下，启动 Flash CC 时会打开一个欢迎屏幕，通过它可以快速创建 Flash 文件或打开各种 Flash 项目，如图 1-2 所示。

欢迎屏幕上方有三栏选项列表，分别是：

● 打开最近的项目：可以打开最近曾经打开过的文件。

● 新建：可以创建包括"Flash 文件"、"Flash 项目"、"ActionScript 文件"等各种新文件。

● 模板：可以使用 Flash 自带的模板创建特定应用项目。

● 扩展：使用 Flash 的扩展程序 Exchange。

● 简介与学习：通过该栏目列表可以打开对应的程序简介和学习页面。

图 1-2　欢迎屏幕

如果想在下次启动 Flash CC 时不显示欢迎屏幕，可以选择位于开始页左下角的【不再显示】复选框。

1.2.2　菜单栏

菜单栏位于标题栏的下方，它包括文件、编辑、视图、插入、修改、文本、命令、控制、调试、窗口和帮助共 11 个菜单项。

菜单是命令的集合，命令是执行某项操作或实现某种功能的指令，Flash CC 中的所有命令都可以在菜单栏中找到相应项目，如图 1-3 所示。

下面分别介绍菜单栏中各个菜单项的作用。

● 【文件】菜单：包含对文件进行管理的命令，当需要执行文件的各种操作，如新建、打开、保存文件等时，即可使用【文件】菜单。

● 【编辑】菜单：包含对各种对象的编辑命令，如复制、粘贴、剪切和撤销等标准编辑命令，除此之外还有 Flash 的相关设置，如首选参数、自定义工具面板，以及时间轴的相关命令。

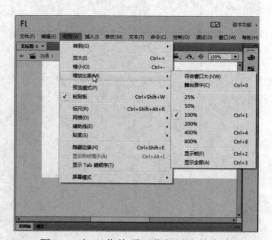

图 1-3　打开菜单项可获得对应的命令

- ●【视图】菜单：包括用于控制屏幕显示的各种命令。这些命令决定了工作区的显示比例、显示效果和显示区域等。另外，它还提供了标尺、网格、辅助线、贴紧等辅助设计命令。
- ●【插入】菜单：包含对影片添加元素的相关命令。使用这些命令，可以进行添加元件、插入图层、插入帧、添加新场景等操作。
- ●【修改】菜单：包含用于修改影片中的对象、场景或影片本身特性的命令，如修改文件、修改元件、修改图形、组合与解散组合等。
- ●【文本】菜单：包含用于设置影片中文本的相应属性的命令，如文本的字体、大小、类型和对齐方式等。
- ●【命令】菜单：包含用于管理和运行 ActionScript 的命令，还可以进行导入/导出动画 XML、将元件转换为 Flex 容器、将动画复制为 XML 等操作。
- ●【控制】菜单：包含用于控制动画播放和测试动画的命令，它可以使用户在编辑状态下控制动画的播放进程，也可以通过"测试影片"、"测试场景"等命令测试动画的效果。
- ●【调试】菜单：包含了用于调试影片和 ActionScript 的相关命令。
- ●【窗口】菜单：包含了用于设置界面各种面板窗口的显示和关闭，窗口布局调整的命令。
- ●【帮助】菜单：主要提供 Flash CC 的各种帮助文件及在线技术支持。对于 Flash CC 的新用户，查阅帮助文件可以快速地找到所需信息。

1.2.3 编辑栏

编辑栏位于文件标题栏的下方，用于编辑场景和对象并更改舞台的缩放比率，如图 1-4 所示。

图 1-4 编辑栏

1.2.4 【工具】面板

【工具】面板默认位于 Flash CC 主界面的右侧，是常用工具的集合，如图 1-5 所示。

1. 工具简介

- ● 选择工具：用于选择文件上的各种对象，如元件、填充、笔触、路径等。

- 部分选取工具：用于选择填充和笔触，以显示填充形状和笔触的路径，并可以修改路径形状。
- 任意变形工具：用于对目标对象进行缩放、倾斜、扭曲等变形操作。
- 渐变变形工具：用于变更渐变填充的方向、大小、中心点等渐变效果。
- 3D 旋转工具：可以在 3D 空间中旋转影片剪辑实例。
- 3D 平移工具：可以在 3D 空间中移动影片剪辑实例。
- 套索工具：可以绘制不规则的选择区域。
- 多边形工具：可以绘制直边构成的选择区域。

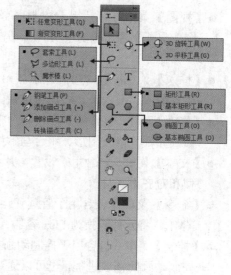

图 1-5   【工具】面板

- 魔术棒工具：可以选择包含相同或类似颜色的位图或填充区域。
- 钢笔工具：用于绘制精确的路径（如直线或平滑流畅的曲线）。
- 添加锚点工具：单击鼠标时将向现有路径添加一个锚点。
- 删除锚点工具：在现有路径上单击鼠标时将删除一个锚点。
- 转换锚点工具：将不带方向线的转角点转换为带有独立方向线的转角点。
- 文本工具：用于创建文本字段和输入各种文本。
- 线条工具：用于绘制一条直线笔触。
- 矩形工具：用于绘制矩形或正方形的形状或对象。
- 基本矩形工具：绘制矩形或正方形，并将形状作为单独的对象来绘制，且允许使用【属性】面板的控件来修改形状。
- 椭圆工具：用于绘制椭圆形或圆形的形状或对象。
- 基本椭圆工具：绘制椭圆形或圆形，并将形状作为单独的对象来绘制，且允许使用【属性】面板的控件来修改形状。
- 多角星形工具：用于绘制多边形和星形。
- 铅笔工具：用于绘制线条和形状，绘画的方式与使用真实铅笔大致相同。
- 刷子工具：用于绘制类似于刷子的笔触。它可以创建特殊效果，包括书法效果。
- 颜料桶工具：可以填充完全闭合和不完全闭合的区域。
- 墨水瓶工具：可以更改一个或多个线条或者形状轮廓的笔触颜色、宽度和样式。
- 滴管工具：从一个对象复制填充和笔触属性，然后将它们应用到其他对象。
- 橡皮擦工具：可以删除笔触段或填充区域，甚至删除舞台所有类型的内容。
- 手形工具：用于移动舞台在工作区的位置。
- 缩放工具：用于调整工作区的显示比例。
- 笔触颜色：可以选择和修改笔触颜色。
- 填充颜色：可以选择和修改填充颜色。
- 黑白：将笔触颜色和填充颜色回复为默认的黑白。
- 交换颜色：将当前笔触颜色与填充颜色进行互换。

2. 打开工具列表

将鼠标移到带下三角形符号的工具图标上，长按工具图标，即可打开工具列表，如图 1-6 所示。

3. 扩大与缩小【工具】面板

将鼠标移到【工具】面板左侧分隔线上，当鼠标出现双向图示时，按住鼠标并向左移动即可扩大【工具】面板，如图 1-7 所示。按住分隔线向右移动可以缩小【工具】面板。

图 1-6　打开工具列表

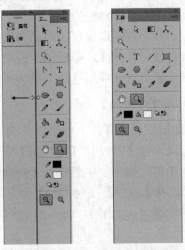

图 1-7　扩大【工具】面板

1.2.5　【属性】面板

　　【属性】面板位于用户界面的右方，根据所选择的动画元件、对象或帧等对象，会显示相应的设置内容。例如，需要设置某帧属性时，可以选择该帧，然后在【属性】面板中设置属性即可。打开【属性】面板的方法：

　　方法 1　选择【窗口】|【属性】命令，或者按 Ctrl+F3 键，如图 1-8 所示。

　　方法 2　在面板组上单击【属性】按钮，即可打开【属性】面板，如图 1-9 所示。

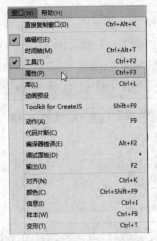

图 1-8　通过菜单命令打开【属性】面板

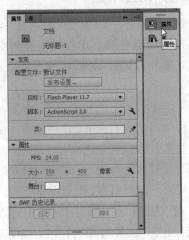

图 1-9　通过面板组按钮打开【属性】面板

1.2.6 【时间轴】面板

时间轴是 Flash 的设计核心，时间轴会随时间在图层与帧中组织并控制文件内容。就像影片一样，Flash 文件会将时间长度分成多个帧。图层就像是多张底片层层相叠，每个图层包含出现在【舞台】上的不同图像。

1. 时间轴说明

【时间轴】面板位于舞台的下方，它主要的组成是图层、帧和播放指针，如图 1-10 所示。

（1）在图层组件里，可以建立图层、增加引导层、插入图层文件夹，还可以进行删除图层、锁定或解开图层、显示或隐藏图层、显示图层外框等处理。

（2）帧用于存放图像画面，会随画面的交替变化，产生动画效果。

（3）播放磁头是通过在帧间移动来播放或录制动画的。

2. 打开与关闭【时间轴】面板

【时间轴】面板默认为打开，如果要关闭【时间轴】面板，可以选择【窗口】|【时间轴】命令，或者按 Ctrl+Alt+T 键。如果要重新打开【时间轴】面板，只需再次选择【窗口】|【时间轴】命令，或者按 Ctrl+Alt+T 键即可，如图 1-11 所示。

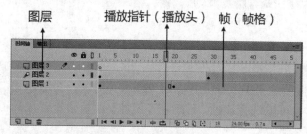

图 1-10 【时间轴】面板

图 1-11 通过命令打开【时间轴】面板

1.2.7 舞台和工作区

舞台是 Flash 中最主要的可编辑区域，是用户编辑和修改动画的主要场所，可以在舞台中绘制和创建各种动画对象，或者导入外部图形文件进行编辑。生成动画文件（SWF）后，除了舞台中的对象外，其他区域的对象不会在播放时出现。

工作区是菜单栏下方的全部操作区域，可以在其中创建和编辑动画对象。工作区包含了各个面板和舞台及文件窗口背景区。

文件窗口背景区就是舞台外的灰色区域，可以在这个区域处理动画对象，不过除非在某个时刻进入舞台，否则工作区中的对象不会在播放影片时出现。Flash CC 的舞台和工作区，如图 1-12 所示。

图 1-12 舞台和工作区

1.2.8 工作区管理

1. 切换工作区

在默认状态下，Flash CC 以【基本功能】模式显示工作区。在此工作区下，可以方便地使用 Flash 的基本功能来创作动画。但对于某些高级设计而言，在此工作区下工作并不能带来最大效率。因此，不同的用户可以根据自己的操作需要，通过工作区切换器切换不同模式的工作区。如图 1-13 所示为【基本功能】工作区。

图 1-13　【基本功能】工作区

单击用户界面右上方的【基本功能】按钮，然后在弹出的下拉列表中选择要切换的工作区，如选择【动画】选项，则可以切换到【动画】工作区，如图 1-14 所示。

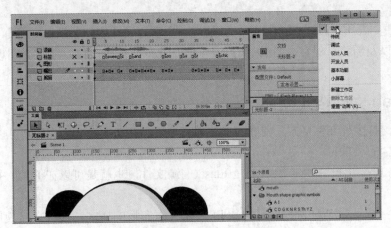

图 1-14　切换到【动画】工作区

2. 新建工作区

单击用户界面右上方的【基本功能】按钮，然后在弹出的下拉列表中选择【新建工作区】选项，打开【新建工作区】对话框后输入工作区名称，再单击【确定】按钮，即可将当前工作区设置为新建工作区，如图 1-15 所示。

图 1-15　新建工作区

3. 删除工作区

单击用户界面右上方的【基本功能】按钮，然后在弹出的下拉列表中选择【删除工作区】选项，在打开的【删除工作区】对话框中选择要删除的工作区（自行新建的工作区才可以被删除），单击【确定】按钮即可删除工作区，如图 1-16 所示。

图 1-16　删除选定的工作区

1.3　Flash 文件管理

文件管理是 Flash CC 的基本操作，也是进一步学习设计创作的基础。下面将介绍 Flash 的文件格式，以及新建、保存、打开、导入/导出、发布文件等操作，同时介绍设置文档属性的方法。

1.3.1　Flash 文件格式概述

Flash CC 支持多种文件格式，良好的格式兼容性使得用 Flash 设计的动画可以满足不同软硬件环境和场合的要求。

- FLA 格式：以 FLA 为扩展名的是 Flash 的源文件，也就是可以在 Flash 中打开和编辑的文件。
- SWF 格式：以 SWF 为扩展名的是 FLA 文件发布后的格式，可以直接使用 Flash 播放器播放。
- AS 格式：以 AS 为扩展名的是 Flash 的 ActionScript 脚本文件，这种文件最大的优点就是可以重复使用。
- FLV 格式：FLV 是 FLASHVIDEO 的简称，FLV 流媒体格式是一种新的视频格式。
- JSFL 格式：以 JSFL 为扩展名的是 Flash CC 的 Flash JavaScript 文件，该脚本文件可以保存利用 Flash JavaScript API 编写的 Flash JavaScript 脚本。

- ASC 格式：以 ASC 为扩展名的是 Flash CC 的外部 ActionScript 通讯文件，该文件用于开发高效、灵活的客户端-服务器 Adobe Flash Media Server 应用程序。
- XFL 格式：以 XFL 为扩展名的是 Flash CC 新增的开放式项目文件。它是一个所有素材及项目文件，包括 XML 元数据信息为一体的压缩包。
- FLP 格式：以 FLP 为扩展名的是 Flash CC 的项目文件。
- EXE 格式：以 EXE 为扩展名的是 Windows 的可执行文件，可以直接在 Windows 中运行。

1.3.2 新建 Flash 文件

方法 1 打开 Flash CC 应用程序，然后在欢迎屏幕上单击【ActionScript 3.0】按钮，即可新建支持 ActionScript 3.0 脚本语言的 Flash 文件，如图 1-17 所示。如果单击【AIR for Desktop】、【ActionScript 文件】或【Flash JavaScript 文件】等按钮，即可新建对应的 Flash 文件或脚本文件。

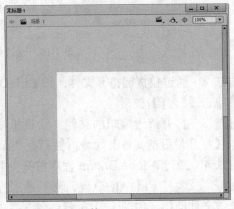

图 1-17　新建 Actionscript 3.0 的 Flash 文件

方法 2 在菜单栏中选择【文件】|【新建】命令，打开【新建文件】对话框后，选择【ActionScript 3.0】选项、【AIR for Android】选项、【AIR for iOS】选项等，然后单击【确定】按钮，即可创建各种类型的 Flash 文件，如图 1-18 所示。

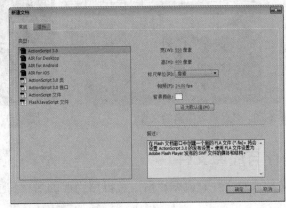

图 1-18　通过菜单命令创建文件

方法 3 按 Ctrl+N 快捷键，打开【新建文档】对话框，用户只需按照第二个方法操作，即可新建 Flash 文件。

1.3.3　打开现有的文件

在 Flash CC 中，打开 Flash 文件的常用方法有 4 种。

方法 1　通过菜单命令打开文件：在菜单栏上选择【文件】|【打开】命令，然后通过打开的【打开】对话框选择 Flash 文件并单击【打开】按钮，如图 1-19 所示。

图 1-19　通过菜单命令打开文件

方法 2　通过快捷键打开文件：按 Ctrl+O 键，然后通过打开的【打开】对话框选择 Flash 文件并单击【打开】按钮。

方法 3　打开最近编辑的文件：如果想要打开最近编辑过的 Flash 文件，可以选择【文件】|【打开最近的文件】命令，然后在菜单中选择文件即可，如图 1-20 所示。

方法 4　通过 Adobe Bridge 程序打开文件：在 Flash CC 中选择【文件】|【在 Bridge 浏览】命令，或者按 Ctrl+Alt+O 键，然后通过打开的 Adobe Bridge 程序的窗口选择 Flash 文件，再双击该文件即可，如图 1-21 所示。

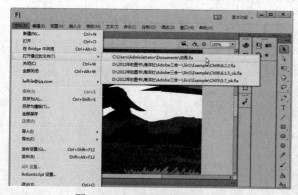

图 1-20　打开最近编辑的文件

图 1-21　通过 Adobe Bridge 程序打开文件

1.3.4　保存与还原文件

当创建文件或对文件完成编辑后，可以用当前的名称和位置或其他名称或位置保存 Flash 文件。

1. 保存新建的文件

选择【文件】|【保存】命令，或者按 Ctrl+S 键，然后在打开的【另存为】对话框中设

置保存位置、文件名、保存类型等选项，最后单击【保存】按钮即可，如图 1-22 所示。

图 1-22　保存新文件

2. 保存旧 Flash 文件

如果是曾经保存过的 Flash 文件，编辑后直接保存，则不会打开【另存为】对话框，而是按照原文件的目录和文件名直接覆盖。

3. 为保存文件的标示

如果文件包含未保存的更改，则文件标题栏、应用程序标题栏和文件选项卡中的文件名称后会出现一个星号（*），如图 1-23 所示。当保存文件后，星号即会消失。

4. 还原 Flash 文件

当保存文件并再次进行编辑更改后，如果想还原到上次保存的文件版本，可以选择【文件】|【还原】命令，如图 1-24 所示。

图 1-23　未保存更改的文件会出现星号

图 1-24　还原到上次保存的文件版本

5. 另存 Flash 文件

编辑 Flash 文件后，如果不想覆盖原来的文件，可以选择【文件】|【另存为】命令（或按 Ctrl+Shift+S 键）将文件保存成一个新文件。

保存文件时，可以选择"Flash 文档"和"Flash 未压缩文档"两种 Flash 版本的文件保存类型，如图 1-25 所示。

图 1-25　另存文件时选择保存类型

1.3.5　另存文件为模板

模板是预先设计好的框架，里面包含了基本的内容和样式，使用时只需在其中加入个人元素，即可快速创建具有特定应用的 Flash 动画（如幻灯片、评分检测系统等）。

动手操作　将文件保存为动画模板

1 打开光盘中的"...\Example\Ch01\1.3.5.fla"练习文件，在菜单栏中选择【文件】|【另存为模板】命令，如图 1-26 所示。

2 此时程序将打开警告对话框，提示保存为模板文件将会清除 SWF 历史信息。只需单击【另存为模板】按钮即可，如图 1-27 所示。

3 打开【另存为模板】对话框后，在【名称】文本框输入模板名称，然后在【类别】列表框中输入类别名称或直接选择预设类别，接着在【描述】文本框中输入合适的模板描述，最后单击【保存】按钮即可，如图 1-28 所示。

图 1-26　选择【另存为模板】命令

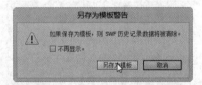

图 1-27　确定另存为模板

图 1-28　设置并保存模板

1.3.6　从模板新建文件

将 Flash 文件另存为模板后，即可使用该模板新建文件。另外，Flash CC 中也内置了多种类型的模板，通过这些模板可以快速创建具有特定应用的 Flash 动画。

动手操作　从模板新建文件

1 在菜单栏中选择【文件】｜【新建】命令，打开对话框后选择【模板】选项卡，

2 在【类别】列表中选择模板的列表，然后在【模板】列表中选择模板项目，再单击【确定】按钮，如图 1-29 所示。

3 通过选定模板新建的文件将显示在工作区，如图 1-30 所示。

图 1-29　从模板新建文件

图 1-30　新建文件的结果

1.3.7　设置文档属性

新建的 Flash 文件会使用 Flash 的默认属性设置，包括标题、描述、尺寸、舞台颜色、帧频、标尺单位等属性。可以通过【设置文档】对话框更改 Flash 文件的各种属性，以适应设计上的要求。

在菜单栏中选择【修改】｜【文档】命令（或按 Ctrl+J 键），打开【设置文档】对话框后，可以根据需要对属性项进行修改，完成后单击【确定】按钮，如图 1-31 所示。

图 1-31　设置文档属性

【文档设置】对话框中各选项说明如下。

- 单位：设置标尺所使用的单位。
- 舞台大小：用于设置舞台的尺寸，在右侧的文本框中可以输入舞台的宽度和高度。默认值为 550×400 像素。
- 【匹配内容】按钮：使舞台大小调整到刚好能容纳工作区中所有的对象，如图 1-32 和图 1-33 所示。

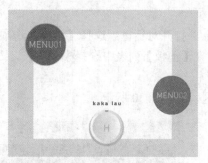

图 1-32　默认舞台大小

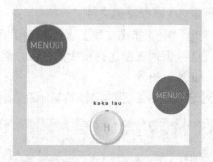

图 1-33　匹配内容后的舞台大小

- 缩放：根据舞台大小的更改自动缩放舞台内容，仅当更改舞台大小时此选项才可用。可以在【首选参数】对话框中选择是否缩放锁定和隐藏图层中的内容。在执行缩放时，可以选择缩放锚记的位置。
- 舞台颜色：用于设置 Flash 文件的舞台颜色。单击右侧的颜色按钮，弹出颜色样本面板，此时光标会变成【滴管工具】 🖋，如图 1-34 所示。除了用【滴管工具】在颜色样本中（或 Flash CC 主窗口的任意位置）单击拾取颜色外，也可以在面板上方的文本框中直接输入颜色的 16 进制数值。如输入红色样本的 16 进制数值为"＃FF0000"，如图 1-35 所示。

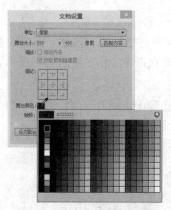

图 1-34　打开颜色样本面板

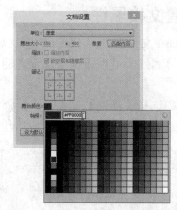

图 1-35　输入颜色十六进制数值

- 帧频：用于输入 Flash 动画的帧频，也就是动画每秒播放的帧数。帧频太慢会使动画播放不流畅，帧频太快会使动画的细节变得模糊。默认的播放速度是每秒 24 帧。
- 【设为默认值】按钮：单击该按钮，可以将当前所有设定保存为默认值。此后新建 Flash 文件时，文件的各项属性会遵照当前设定的值。

1.3.8　导入/导出文件

Flash CC 提供了导入文件和导出文件的功能，方便用户利用外部的素材设计动画，或者将动画的内容导出为图片或视频等。

1. 导入位图

导入文件有两种方式，可以将文件直接导入到舞台，或者将文件导入【库】面板，以便可以连续使用。下面以将位图导入到舞台为例，介绍导入文件的方法。

动手操作 导入文件到舞台

1 打开光盘中的 "...\Example\Ch01\1.3.8a.fla" 文件，然后在菜单栏中选择【文件】|【导入】|【导入到舞台】命令。

2 打开【导入】对话框后，选择光盘中的 "...\Example\Ch01\pic01.jpg" 文件，然后单击【打开】按钮，如图 1-36 所示。导入后的文件将显示在舞台中，如图 1-37 所示。

图 1-36 选择文件

图 1-37 导入文件的结果

2. 导出文件

Flash CC 支持多种导出文件格式，可以将文件导出为 GIF 图像，也可以将文件导出为影片，这样即使在没有安装 Flash player 的机器上也可以播放动画内容。

动手操作 导出文件

1 打开光盘中的 "...\Example\Ch01\1.3.8b.fla" 文件，然后在菜单栏中选择【文件】|【导出】|【导出影片】命令。

2 打开【导出影片】对话框后，在【保存类型】列表框中选择【GIF 序列（*.gif）】类型，然后设置合适的保存位置和文件名，最后单击【保存】按钮，如图 1-38 所示。

3 打开【导出 GIF】对话框后，设置图像的尺寸、分辨率、规格以及颜色等属性（通常保留默认设置即可），完成后单击【确定】按钮，如图 1-39 所示。

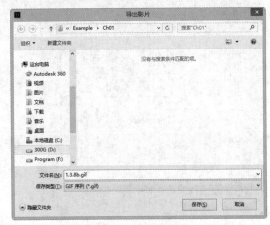

图 1-38 导出图像

图 1-39 设置【导出 GIF】对话框

4 由于练习文件中时间轴有 45 帧是有内容的，所以当导出 GIF 序列格式文件后，程序将时间轴每帧的内容作为一个 GIF 图像，结果产生 45 张图片，如图 1-40 所示。

图 1-40　导出的 GIF 图像

1.3.9　发布 Flash 文件

默认情况下，选择【文件】|【发布】命令（或按 Alt+Shift+F12 键）会创建一个 Flash SWF 文件和一个 HTML 文件（该 HTML 文件会将 Flash 内容插入到浏览器窗口中），如图 1-41 所示。

除了发布 SWF 格式和 HTML 格式的文件，还可以在发布前进行设置，以便让发布的 Flash 文件适合不同的用途。

在菜单栏选择【文件】|【发布设置】命令（或按 Ctrl+Shift+F12 键），打开【发布设置】对话框，然后通过该对话框设置发布选项即可，如图 1-42 所示。

图 1-41　执行发布命令

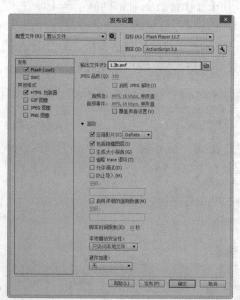

图 1-42　通过【发布设置】对话框设置发布选项

1.4　时间轴的基本操作

时间轴是组织 Flash 动画的重要元素，学习时间轴的操作，对于后续制作动画的处理非常重要。

1.4.1　插入与删除图层

1. 插入图层

插入图层的方法如下。

方法 1　在【时间轴】面板中单击左下方的【插入图层】按钮 。

方法 2　选择【插入】|【时间轴】|【图层】命令，如图 1-43 所示。

方法 3　选择【时间轴】面板中的一个图层，然后单击右键，从打开的菜单中选择【插入图层】命令，如图 1-44 所示。

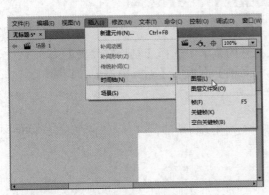

图 1-43　通过【插入】菜单插入图层

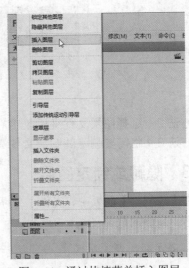

图 1-44　通过快捷菜单插入图层

2. 删除图层

删除图层的方法如下。

方法 1　选择图层，然后单击【时间轴】面板左下方的【删除图层】按钮 。

方法 2　选择【时间轴】面板中的一个图层，然后单击右键，从打开的菜单中选择【删除图层】命令。

方法 3　将需要删除的图层拖到【时间轴】面板的【删除图层】按钮 上，即可将该图层删除，如图 1-45 所示。

图 1-45　删除图层

1.4.2　插入与删除图层文件夹

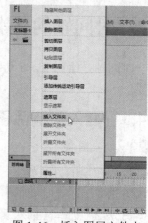

1. 插入图层文件夹

插入图层文件夹的方法如下。

方法 1　在【时间轴】面板中单击左下方的【插入图层文件夹】按钮。

方法 2　选择【插入】|【时间轴】|【图层文件夹】命令。

方法 3　选择【时间轴】面板中的一个图层，然后单击右键，从打开的菜单中选择【插入文件夹】命令，如图 1-46 所示。

2. 删除图层文件夹

删除图层文件夹的方法如下。

图 1-46　插入图层文件夹

方法 1　选择图层文件夹，然后单击【时间轴】面板的【删除图层】按钮，如图 1-47 所示。

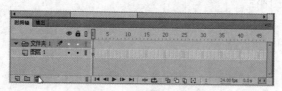

图 1-47　删除图层文件夹

方法 2　选择图层文件夹后单击右键，从打开的菜单中选择【删除文件夹】命令。
方法 3　将需要删除的图层文件夹拖到【时间轴】面板的【删除图层】按钮上。

1.4.3　隐藏或锁定图层

在【时间轴】面板中，提供了显示、隐藏和锁定图层的功能，可以在创作动画时保护图层的内容，或暂时隐藏图层。

1. 显示与隐藏图层

单击【显示或隐藏所有图层】列中图层对应的黑色圆点即可隐藏图层。隐藏后图层出现一个交叉图形，而且图层的内容在 Flash 设计窗口中不可见，但播放影片时是可见的，如图 1-48 所示。

在变成红叉的小圆点上再次单击即可显示被隐藏的图层。直接单击【显示或隐藏所有图层】按钮可以隐藏/显示面板中所有的图层，如图 1-49 所示。

图 1-48　隐藏图层

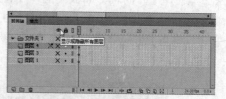

图 1-49　隐藏所有图层

问：隐藏图层后，该图层内容在播放动画是可见吗？

答：隐藏图层后，该图层的内容在 Flash 工作区中将不可见，但播放影片时是可见的。

2. 锁定图层与解除锁定

为了防止对图层内容的错误操作,可以锁定该图层,这样图层中的所有对象都无法编辑。单击【锁定或解除锁定所有图层】🔒列中图层对应的黑色圆点即可锁定图层,如图 1-50 所示。要解除被锁定的图层,只需在变成红叉的小圆点上再次单击即可。单击【锁定或解除锁定所有图层】按钮🔒,可以锁定或解除锁定面板中的所有图层,如图 1-51 所示。

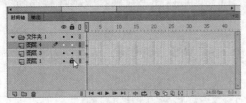

图 1-50　锁定图层　　　　　　　　　图 1-51　解除锁定所有图层

 　当图层处于隐藏或锁定状态时,图层名称旁边的铅笔图标 ✏ (表示可编辑)会被加上删除线 ✏,表示不能对该图层内容进行编辑。

1.4.4　设置图层属性

图层是放置 Flash 动画对象的元素,图层不仅能够组织和管理动画中的对象,而且在动画制作过程中也起到很好的辅助作用。为了更好地使用图层,在添加图层后,可以根据需要设计相关的属性,如设置名称。

1. 设置图层属性

当需要为图层设置属性时,可以选择该图层并单击右键,然后选择【属性】命令,打开【图层属性】对话框后,在其中根据要求设置属性内容即可,如图 1-52 所示。

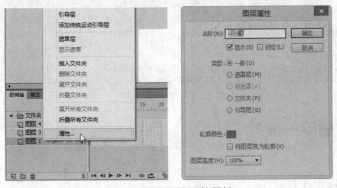

图 1-52　设置图层的属性

【图层属性】对话框的属性项目说明如下。

- 名称:用于设置图层名称,只需在文本框中输入名称即可。
- 显示和锁定:选择【显示】复选框,图层处于显示状态,反之图层被隐藏;选择【锁定】复选框,图层处于锁定状态,反之图层处于解除锁定状态。

- 类型：用于设置图层的类型，通过单击各类型前的单选按钮可以选择该类型。在默认情况下，图层为一般类型。
- 轮廓颜色：用于设置将图层内容显示为轮廓时使用的轮廓颜色。若要更改颜色，可以单击项目的色块按钮，然后在弹出的列表中选择颜色即可。
- 将图层视为轮廓：选择该复选框，图层内容将以轮廓方式显示。
- 图层高度：用于设置图层的高度，默认值为 100%。可以在下拉列表中选择其他高度。

2. 显示图层轮廓

在【时间轴】面板中，单击图层名称右侧的【显示图层轮廓】按钮，可以使当前图层显示轮廓效果，如图 1-53 所示。

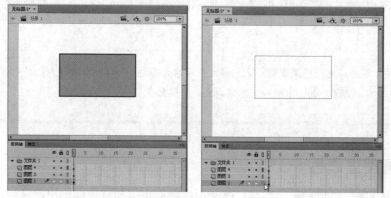

图 1-53　正常显示图层和只显示图层轮廓的效果

3. 快速命名图层

若想快速为图层命名，可以双击图层名称，当出现输入文本状态后，输入图层名称并按 Enter 键即可，如图 1-54 所示。

图 1-54　重命名图层

1.4.5　插入与删除一般帧

1. 插入一般帧

插入一般帧有以下 3 种方法。

方法 1　在时间轴的某一个图层中选择一个空白帧，然后按 F5 功能键即可插入一般帧。

方法 2　选择一个图层的空白帧，然后单击右键，从打开的菜单中选择【插入帧】命令，即可插入一般帧，如图 1-55 所示。

方法 3　选择一个图层的空白帧，然后选择【插入】|【时间轴】|【帧】命令，如图 1-56 所示。

图 1-55　通过快捷菜单插入一般帧

图 1-56　通过菜单插入一般帧

2. 删除一般帧

删除一般帧有以下 3 种方法。

方法 1　选择需要删除的一般帧，然后按 Shift+F5 键即可删除选定的一般帧（这种方法适合删除任何帧的操作）。

方法 2　选择需要删除的一般帧，然后单击右键，从打开的菜单中选择【删除帧】命令，即可删除一般帧（这种方法适合删除任何帧的操作），如图 1-57 所示。

方法 3　若需要删除多个帧，可以选择所有需要删除的帧，然后按 Shift+F5 键，如图 1-58 所示。

图 1-57　删除选定的帧

图 1-58　删除多个帧

1.4.6　插入与清除关键帧

关键帧是 Flash 中编辑和定义动画动作的帧。可以在时间轴中插入关键帧，也可以清除不需要的关键帧。

1. 插入关键帧

插入关键帧有以下 3 种方法。

方法 1　在时间轴的某一图层中选择一个空白帧，然后按 F6 功能键即可插入关键帧。

方法 2　选择一个图层的空白帧，然后单击右键，从打开的菜单中选择【插入关键帧】命令，即可插入关键帧。

方法 3　选择一个图层的空白帧或一般帧，然后选择【插入】|【时间轴】|【关键帧】命令，即可插入关键帧，如图 1-59 所示。

2. 清除关键帧

清除关键帧有以下 2 种方法。

方法 1 选择需要删除的关键帧或空白关键帧，然后按 Shift+F5 快捷键即可删除选定的帧。

方法 2 选择需要删除的关键帧或空白关键帧，然后单击右键，从打开的菜单中选择【清除关键帧】命令，即可清除选定的关键帧，如图 1-60 所示。

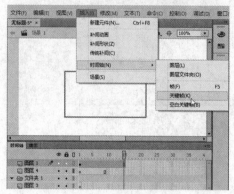

图 1-59　插入关键帧

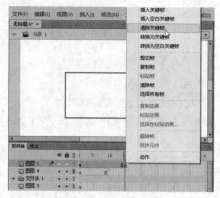

图 1-60　清除关键帧

 清除关键帧有别于删除帧，清除关键帧只是将关键帧转换为普通帧，而删除帧则是将当前帧格（可以是关键帧或普通帧）删除。

1.4.7　复制、剪切、粘贴帧

在创作动画时，很多时候为了快速设计，用户需要复制、剪切和粘贴选定的帧，以便快速创作动画效果。

在需要复制或剪切的帧上方单击右键，打开快捷菜单后，选择【复制】命令或【剪切】命令即可复制或剪切帧，如图 1-61 所示。

复制或剪切帧后，在需要粘贴帧的位置单击右键，打开快捷菜单后，选择【粘贴帧】命令即可粘贴帧，如图 1-62 所示。

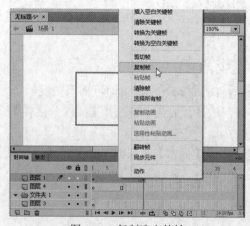

图 1-61　复制选定的帧

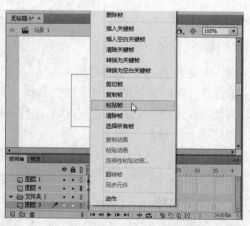

图 1-62　在目标位置上粘贴帧

1.4.8 应用辅助功能

时间轴的辅助功能包括"绘图纸外观"、"绘图纸外观轮廓"、"编辑多个帧"、"修改标记"
4 个功能，这些功能的按钮都放置在【时间轴】面板的下方，如图 1-63 所示。

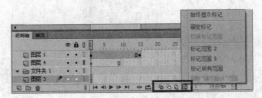

图 1-63 时间轴的辅助功能

时间轴辅助功能说明如下：

- 绘图纸外观：可以显示对象在每个帧下的位置和状态，这样就可以查看对象在产生动画效果时的变化过程。
- 绘图纸外观轮廓：可以显示对象在每个帧下的外观轮廓，同样用于查看对象在产生动画效果时的变化过程。
- 编辑多个帧：可以编辑绘图纸外观标记之间的所有帧。
- 修改标记：用于修改绘图纸标记的属性。
  - ➢ 始终显示标记：不管绘图纸外观是否打开，都会在时间轴标题中显示绘图纸外观标记。
  - ➢ 锁定标记：将绘图纸外观标记锁定在时间轴标题中的当前位置。通常情况下，绘图纸外观范围是和当前帧指针以及绘图纸外观标记相关的。通过锁定绘图纸外观标记，可以防止它们随当前帧指针移动。
  - ➢ 绘图纸 2：在当前帧的两边各显示 2 个帧。
  - ➢ 绘图纸 5：在当前帧的两边各显示 5 个帧。
  - ➢ 标记所有范围：在当前帧的两边显示所有帧。
  - ➢ 获取"循环播放"范围：获取在【属性】面板中设置了循环播放属性的帧范围。

1.5 技能训练

通过下面两个上机练习实例，巩固所学知识。

1.5.1 上机练习 1：通过关键帧添加计时器画面

通过【时间轴】面板新建图层，然后在图层上插入多个关键帧并加入对应的位图素材，制作计算器动画的读数画面。

🐭 **操作步骤**

1 打开光盘中的"...\Example\Ch01\1.5.1.fla"文件，在【时间轴】面板中选择【遮幕层】图层，然后单击【新建图层】按钮🔳，如图 1-64 所示。

2 新建图层后命名图层为【图像】，然后选择该图层的第 1 帧上，如图 1-65 所示。

3 选择【窗口】|【库】命令，打开【库】面板后将【image1.jpg】位图对象拖入舞台，如图 1-66 所示。

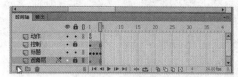

图 1-64　新建图层

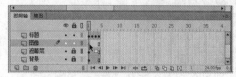

图 1-65　命名图层并选择图层第 1 帧

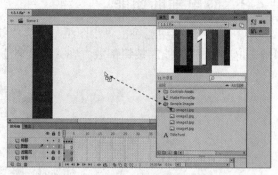

图 1-66　将第一个图像加入舞台

4 选择加入到舞台的位图对象，打开【属性】面板，再通过【位置和大小】属性列表设置对象的位置和大小，如图 1-67 所示。

5 选择【图像】图层第 2 个帧并按 F6 键插入关键帧，然后通过【库】面板将【image2.jpg】位图对象加入舞台，并设置如图 1-68 所示的位置和大小。

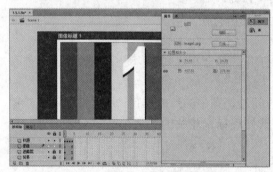

图 1-67　设置位图对象的位置和大小

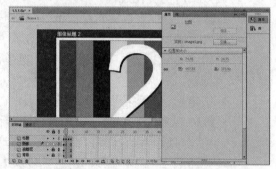

图 1-68　插入关键帧再加入位图并设置属性

6 使用步骤 4 和步骤 5 的方法，分别在【图像】图层第 3 帧和第 4 帧上插入关键帧，再分别加入【image3.jpg】和【image4.jpg】位图对象，然后设置与上一步骤位图对象一样的位置和大小，效果如图 1-69 所示。

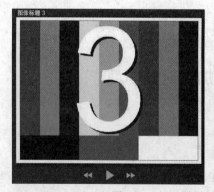

图 1-69　插入关键帧并加入位图的结果

7 选择【控制】|【测试】命令，或按 Ctrl+Enter 键，通过 Flash 播放器测试动画效果，如图 1-70 所示。

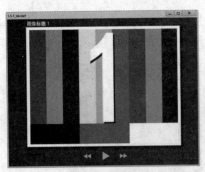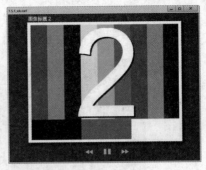

图 1-70　通过播放器测试动画效果

1.5.2　上机练习 2：通过模板快速创建菜单动画

本例通过【菜单范例】模板新建 Flash 文件，然后修改文件的文本内容，制作出一个适用的菜单动画。通过本例的学习，可以掌握通过模板新建文件并对文件内容进行简单修改的方法。

操作步骤

1 选择【文件】|【新建】命令，打开对话框后选择【模板】选项卡。

2 在【类别】列表中选择【范例文件】选项，然后在【模板】列表中选择【菜单范例】模板项目，再单击【确定】按钮，如图 1-71 所示。

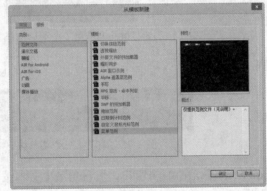

图 1-71　从模板新建文件

3 新建文件后，双击舞台上的【Full Menu】影片剪辑实例，打开元件编辑窗口后，隐藏除【文本按钮】图层以外的所有图层，如图 1-72 所示。

图 1-72　编辑元件并隐藏图层

4 选择【文本按钮】图层上的【菜单 1】按钮并双击，进入按钮编辑窗口后，双击【菜单 1】文本，然后输入按钮文本【公司简介】，如图 1-73 所示。

图 1-73　编辑第一个菜单按钮

5 在【编辑】栏中单击【Full Menu】按钮，返回【Full Menu】元件编辑窗口，然后双击【菜单 2】按钮，接着修改【菜单 2】文本为【产品展示】，如图 1-74 所示。

图 1-74　编辑第二个菜单按钮

6 使用步骤 5 的方法，修改第三个菜单按钮的文本为【解决方案】，效果如图 1-75 所示。

图 1-75　编辑第三个菜单按钮

7 返回【Full Menu】元件编辑窗口，然后隐藏【文本按钮】图层，再显示【菜单 1】、【菜单 2】、【菜单 3】图层，接着双击工作区上的【menu 1】影片剪辑元件，如图 1-76 所示。

8 打开元件编辑窗口后，双击【项目 1】元件，再双击该元件的文本对象切换到文本输入状态，接着输入文本【关于我们】，如图 1-77 所示。

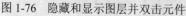

图 1-76　隐藏和显示图层并双击元件　　　　　图 1-77　修改第一个项目文本

9 返回【menu 1】影片剪辑元件窗口，然后使用步骤 8 的方法，修改其他项目文本，效果如图 1-78 所示。

10 打开【库】面板，再选择【item1】按钮元件并单击右键，然后选择【直接复制】命令，接着修改按钮元件名称并单击【确定】按钮，如图 1-79 所示。此步骤的目的是快速创建出一个与【item1】按钮元件一样的元件。

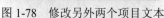

图 1-78　修改另外两个项目文本　　　　　　图 1-79　直接复制元件

11 在【库】面板中双击【item1_1】按钮元件，打开元件编辑窗口后，修改按钮文本为【服务器】，如图 1-80 所示。

12 使用步骤 10 和步骤 11 的方法，再次直接复制一次【item1】按钮元件以生成【item1_2】元件，并修改文本为【智能节电】，如图 1-81 所示。

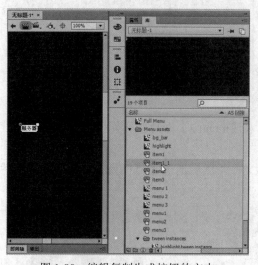
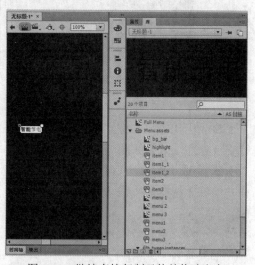

图 1-80　编辑复制生成按钮的文本　　　　　图 1-81　继续直接复制元件并修改文本

13 通过【直接复制】命令，直接复制两次【item2】和【item3】元件，以分别生成【item2_1】元件、【item2_2】元件和【item3_1】元件、【item3_2】元件，接着对应修改按钮文本分别为【智能终端】、【安全监控】、【信息终端】、【风险管理】，效果如图 1-82 所示。

14 返回【Full Menu】元件编辑窗口，然后双击工作区上的【menu 2】影片剪辑元件，选择【item1】元件，接着打开【属性】面板并单击【交换】按钮，在打开的【交换元件】对话框中选择【item1_1】元件，最后单击【确定】按钮，完成交换元件操作，如图 1-83 所示。

中文版 Flash CC 动画设计互动教程

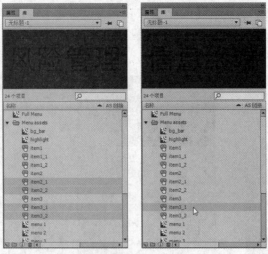

图 1-82　直接复制其他元件并修改文本

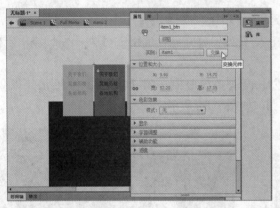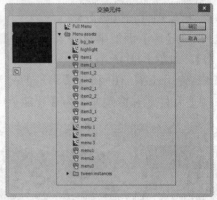

图 1-83　交换元件

15 使用步骤 14 的方法，分别为【menu 2】和【menu 3】影片剪辑元件上其他按钮元件进行交换处理，效果如图 1-84 所示。

16 完成上述操作后，即可按 Ctrl+S 键保存文件，然后通过【另存为】对话框设置文件名称并单击【保存】按钮，如图 1-85 所示。

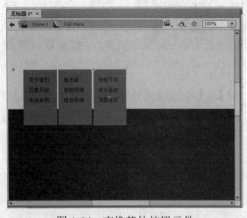

图 1-84　交换其他按钮元件　　　　　　　　图 1-85　保存文件

28

17 选择【控制】|【测试】命令，或按 Ctrl+Enter 键，通过 Flash 播放器测试菜单动画效果，如图 1-86 所示。

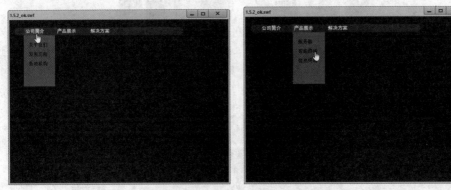

图 1-86 测试菜单动画效果

1.6 评测习题

一、填充题

（1）Adobe Flash Professional 新版本 CC 采用的是_____架构，因此只能安装在 64 位操作系统上。

（2）_____是一种数字中枢，可以通过它访问每个 Adobe Creative Suite 桌面应用程序、联机服务以及其他新发布的应用程序。

（3）【时间轴】面板位于舞台的下方，它主要的组成是_____、帧和播放指针。

二、选择题

（1）Flash 文件默认的播放速度是每秒多少帧？ （ ）
    A. 12   B. 14   C. 24   D. 48

（2）请问按下什么快捷键可以在图层中插入关键帧？ （ ）
    A. F5   B. F6   C. Ctrl+E   D. Shift+F

（3）按下哪个快捷键可以打开【另存为】对话框？ （ ）
    A. Ctrl+Shift+O   B. Ctrl+Shift+E   C. Ctrl+Shift+S   D. Ctrl+Shift+F

（4）以下哪个菜单包含了用于调试影片和 ActionScript 的相关命令？ （ ）
    A.【文件】菜单   B.【控制】菜单   C.【修改】菜单   D.【调试】菜单

三、判断题

（1）菜单栏包括文件、编辑、视图、插入、修改、文本、命令、控制、调试、窗口 10 个菜单。 （ ）

（2）保存文件时，用户可以选择"Flash 文档"和"Flash 未压缩文档"两种 Flash 文件保存类型。 （ ）

（3）Flash CC 支持多种文件格式，其中 FLA 格式可以直接使用 Flash 播放器播放。（ ）

四、操作题

将练习文件中时间轴第 1 帧中舞台的内容导出为 PNG 图像，效果如图 1-87 所示。

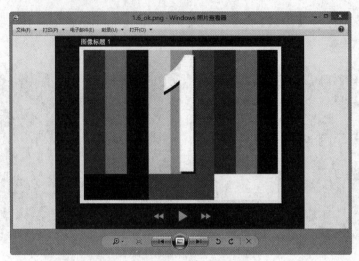

图 1-87　导出 PNG 图像的结果

操作提示

（1）打开光盘中的"...\Example\Ch01\1.6.fla"文件，将时间轴播放指针移到第 1 帧上。

（2）在菜单栏中选择【文件】|【导出】|【导出图像】命令。

（3）打开【导出图像】对话框后，在【保存类型】列表框中选择【PNG 图像（*.png）】类型，然后设置合适的保存位置和文件名，最后单击【保存】按钮。

（4）打开【导出 PNG】对话框后，设置图像的尺寸、分辨率、颜色等属性，完成后单击【导出】按钮。

第 2 章　在 Flash 中进行绘图

学习目标

在使用 Flash 创作动画的过程中，绘图是非常重要且常见的工作流程之一。本章将详细讲解在 Flash 中选择颜色、使用绘图工具、绘制图形路径、修改图形以及进行颜色修改等绘图必备的内容。

学习重点

☑ Flash CC 的颜色模型
☑ 颜色的选择与填充方法
☑ 矢量图和位图图形的概念
☑ Flash 的路径和绘图模式
☑ 各种绘图工具的应用
☑ 修改图形形状的方法
☑ 填充与修改图形颜色的方法

2.1　绘图的基本概念

在进行绘图前，需要了解一些必要的绘图概念，以便后续可以更好地在动画创作中应用图形。

2.1.1　矢量图形和位图图形

计算机以矢量或位图格式显示图形，了解这两种格式的差别有助于在 Flash 中更有效地工作。在 Flash 中创建的线条和形状全都是轻型矢量图形，这有助于使 FLA 文件保持较小的文件大小。

1. 矢量图形

矢量图形使用点、线和面（称为矢量）描述图像，这些矢量还包括颜色和位置属性。例如，树叶矢量图可以由创建树叶轮廓的线条所经过的点来描述，而树叶的颜色由轮廓的颜色和轮廓所包围区域的颜色决定。

在编辑矢量图形时，可以修改描述图形形状的线条和曲线的属性，也可以对矢量图形进行移动、调整大小、改变形状以及更改颜色的操作而不更改其外观品质，如图 2-1 所示。另外，矢量图形与分辨率无关，也就是说，它们可以显示在各种分辨率的输出设备上，而丝毫不影响品质。

2. 位图图形

位图图形使用在网格内排列的彩色点（也称为像素）来描述图像。例如，树叶的图像由网格中每个像素的特定位置和颜色值来描述，这是用非常类似于镶嵌的方式来创建图像。

图 2-1　树叶矢量图在放大后不影响品质

由于图像的像素数量和排列都是相对固定的,因此调整位图的形状或大小就会破坏原图像像素的排列,从而影响了图像的品质,造成图像的失真,如图 2-2 所示。

同时,保存位图时,位图的每个像素点占据相同长度的数据位(具体位数要视图像的色彩空间而定),因此位图图像的体积往往比矢量图更大。

图 2-2　树叶位图图形经过放大后出现失真

2.1.2　Flash 的绘图模式

Flash CC 有两种绘图模式,一种是"合并绘制"模式,另一种是"对象绘制"模式,两种绘图模式为绘制图形提供了极大的灵活性。使用不同的绘图模式,可以绘制出不同外形、不同颜色的图形。

1. 合并绘制

"合并绘制"是默认的绘制模式,这种模式在重叠绘制的形状时,会自动进行合并。当绘制在同一图层中互相重叠的形状时,最顶层的形状会截去下面与其重叠的形状部分。因此"合并绘制"模式是一种破坏性的绘制模式。例如,如果绘制一个圆形并在其上方叠加一个椭圆形,然后选择椭圆形并进行移动,则会删除第一个圆形中与第二个圆形重叠的部分,如图 2-3 所示。

图 2-3　"合并绘制"模式下,重叠图形部分将合并

当形状既包含笔触又包含填充时，这些元素会被视为可以进行独立选择和移动的单独的图形元素。

2. 对象绘制

这种模式可以创建称为绘制对象的形状。绘制对象是在叠加时不会自动合并在一起的单独的图形对象。这样在分离或重新排列形状的外观时，会使形状重叠而不会改变它们的外观，如图 2-4 所示。Flash 可以将每个形状创建为单独的对象，可以分别进行处理。

当绘画工具处于对象绘制模式时，使用该工具创建的形状为自包含形状。形状的笔触和填充不是单独的元素，并且重叠的形状也不会相互更改。

图 2-4　"对象绘制"模式下的图形以独立的对象存在

3. 设置绘图模式

在选择绘图工具后，在【工具】面板中按下【对象绘制】按钮，即可将绘图模式设置为【对象绘制】模式；取消按下【对象绘制】按钮，即可将绘图模式设置为【合并绘制】模式，如图 2-5 所示。

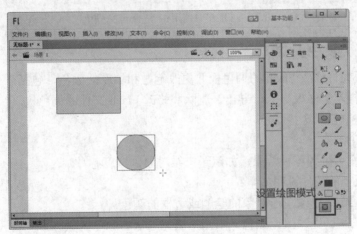

图 2-5　设置绘图模式

2.2　颜色的应用

在绘图时，颜色的选择、设置和修改是必不可少的操作。下面将详细讲解颜色在 Flash 绘图中的应用。

2.2.1　颜色定义方式

在 Flash 中，一般使用 16 进制来定义颜色，也就是说每种颜色都使用唯一的 16 进制码来表示，称为 16 进制颜色码。

以 RGB 颜色为例，16 进制定义颜色的方法是分别指定 R/G/B 颜色，也就是红/绿/蓝 3 种原色的强度。通常规定，每一种颜色强度最低为 0，最高为 255。那么以 16 进制数值表示，255对应于 16 进制就是 FF，并把 R\G\B 3 个数值依次并列起来，就有 6 位 16 进制数值。因此，RGB 颜色的可以用 000000 到 FFFFFF 等 16 进制数值表示，其中从左到右每两位分别代表红、绿、蓝，所以 FF0000 是纯红色，00FF00 是纯绿色，0000FF 是纯蓝色，000000 是黑色，FFFFFF是白色。

在 Flash 中使用 16 进制的颜色时，还需要在色彩值前加上"#"符号，如白色就使用"#FFFFFF"或"#ffffff"色彩值来表示。在 Flash 的【颜色】面板中选择的颜色，就是使用 16进制的 RGB 颜色来定义的，如图 2-6 所示。

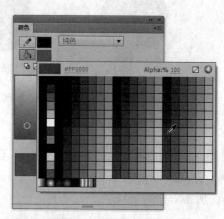

图 2-6　Flash 中使用 16 进制定义颜色

2.2.2　使用【颜色】面板

【颜色】面板允许修改 Flash 的调色板并更改笔触和填充的颜色，包括下列各项：

（1）使用【样本】面板导入、导出、删除和修改 Flash 文件的调色板。

（2）以 16 进制模式选择颜色。

（3）创建多色渐变。

（4）使用渐变可得到各种效果，如赋予二维对象以深度感。

【颜色】面板中的控件说明如下：

● 笔触颜色 ✏️：更改图形对象的笔触或边框的颜色。

● 填充颜色 🎨：更改填充颜色。填充是填充形状的颜色区域。

●【颜色类型】菜单：更改填充样式。填充样式的说明如下：

➢ 无：删除填充。

➢ 纯色：提供一种单一的填充颜色。

➢ 线性渐变：产生一种沿线性轨道混合的渐变。

➢ 径向渐变：产生从一个中心焦点出发沿环形轨道向外混合的渐变。

➢ 位图填充：用可选的位图图像平铺所选的填充区域。

- HSB：可以更改填充颜色的色相、饱和度和亮度。
- RGB：可以更改填充的红、绿和蓝（RGB）的色密度。
- A: 100% Alpha：可设置实心填充的不透明度，或者设置渐变填充的当前所选滑块的不透明度。如果 Alpha 值为 0%，则创建的填充不可见（即透明）；如果 Alpha 值为 100%，则创建的填充不透明。
- 当前颜色样本：显示当前所选颜色。如果从填充【颜色类型】菜单中选择某个渐变填充样式（线性或放射状），则当前颜色样本将显示所创建的渐变内的颜色过渡。
- 系统颜色选择器：能够直观地选择颜色。
- 16 进制值：显示当前颜色的 16 进制值。若要使用 16 进制值更改颜色，输入一个新的值即可。
- 流：能够控制超出线性或放射状渐变限制进行应用的颜色。
  - ➢ 扩展颜色（默认）▧：将指定的颜色应用于渐变末端之外。
  - ➢ 反射颜色▧：利用反射镜像效果使渐变颜色填充形状。指定的渐变色以下面的模式重复：从渐变的开始到结束，再以相反的顺序从渐变的结束到开始，再从渐变的开始到结束，直到所选形状填充完毕。
  - ➢ 重复颜色▧：从渐变的开始到结束重复渐变，直到所选形状填充完毕。
- 线性 RGB：创建兼容 SVG（可伸缩的矢量图形）的线性或放射状渐变。

2.2.3 使用调色板

每个 Flash 文件都包含自己的调色板，该调色板存储在 Flash 中。Flash 将文件的调色板显示为【填充颜色】控件、【笔触颜色】控件以及【样本】面板中的样本。

1. 笔触填充调色板

在默认的情况下，调色板是 216 色的 Web 安全调色板。可以通过【工具】面板打开笔触调色板和填充调色板，如图 2-7 和图 2-8 所示。

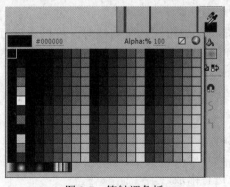 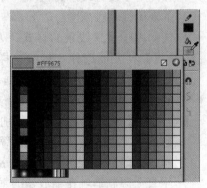

图 2-7　笔触调色板　　　　　　　　　　图 2-8　填充调色板

2. 【样本】面板

【样本】面板的使用很简单，当【颜色】面板的【笔触颜色】按钮 ✎ 被按下（即处于激活状态）时，用户可以打开【样本】面板，选择需要的颜色样本，即可将该样本颜色应用在笔触颜色设置上。同样，如果【工具】面板的【填充颜色】按钮 ▧ 被按下时，通过【样本】面板中选择的样本颜色将应用到填充颜色设置上。

如果是已经选中形状或笔触，那么通过【样本】面板选择的颜色会应用到选中的形状或笔触对象上，如图 2-9 所示。

图 2-9　通过【样本】面板选择颜色

2.3　基本绘图工具的使用

在 Flash 中，可以使用基本的绘图工具绘制矩形、圆形、星形等基本图形。

2.3.1　线条工具

使用【线条工具】 可以一次绘制一条直线段。

【线条工具】 的【属性】对话框中的设置项目说明如下：

● 笔触颜色：用于设置线条的颜色。单击【笔触颜色】方块即可打开调色板，此时可以在调色板上选择一种颜色，也可以在调色板左上方的文本框内输入一个 16 进制的颜色值。

● 笔触：用于设置线条的粗细。可以在【笔触】文本框内输入数值，也可以拖动笔触滚动条来调整笔触高度。

● 样式：用于设置线条的样式，如实线、虚线、点状线、斑马线等。可以通过打开的【样式】列表框选择一种线条样式，也可以单击【编辑笔触样式】按钮 ，然后通过打开的【笔触样式】对话框自定义线条样式。

● 缩放：该功能可以限制动画播放器中的笔触缩放效果，它包括【一般】、【水平】、【垂直】、【无】4 个选项，分别说明如下：

　➤ 一般：笔触随播放器动画的缩放而缩放。

　➤ 水平：限制笔触在播放器的水平方向上进行缩放。

　➤ 垂直：限制笔触在播放器的垂直方向上进行缩放。

　➤ 无：限制笔触在播放器中的缩放。

● 提示：该功能可以将笔触锚记点保持为全像素，这样可以防止出现模糊的线条。

● 端点：用于设置笔触端点的样式，包括【无】、【圆角】、【方形】选项。它们的线条端点效果如图 2-10 所示。

图 2-10　直线笔触端点的样式

- 接合：用于定义两个路径的接合方式，包括【尖角】、【圆角】、【斜角】选项。
- 尖角：用于控制尖角接合的清晰度。

动手操作　使用线条工具绘制直线

1 打开光盘中的 "...\Example\Ch02\2.3.1.fla" 文件，然后在【工具】面板中选择【线条工具】 ✏️，或者在英文输入状态下按 N 键，此时光标显示为【+】形状。

2 打开【属性】面板，然后在面板中设置线条的颜色为【黑色】，如图 2-11 所示。

3 按下【对象绘制】按钮 🔘 或取消按下【对象绘制】按钮 🔘 以设置绘图模式。

4 在舞台的合适位置按住左键拖动鼠标，即可绘制直线，如图 2-12 所示。

5 使用相同的方法，为舞台上的卡通图绘制多条直线，结果如图 2-13 所示。

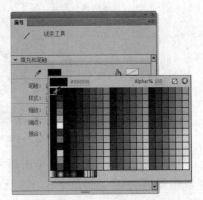

图 2-11　设置工具属性

图 2-12　绘制直线

图 2-13　绘制多条直线的结果

问：如果想绘制一条 45° 的直线，有什么方法吗？

答：在绘制直线时，按住 Shift 键，然后拖动鼠标即可。

2.3.2　矩形工具

【矩形工具】 🔘 用于绘制各种基本矩形几何形状，如长方形、正方形、圆角矩形等。

动手操作　使用矩形工具绘制图形

1 在【工具】面板中按下【矩形工具】 🔘 按钮可以选择【矩形工具】 🔘。

2 在舞台上拖动鼠标可以绘制矩形，如图 2-14 所示。

3 通过【属性】面板的【矩形选项】框可以输入一个角半径值指定圆角。如果值为零，则创建的是直角。如图 2-15 所示为绘制圆角矩形的结果。

4 在舞台上拖动鼠标绘制矩形时，在拖动时按住向上箭头和向下箭头键可以调整圆角半径。

5 按住 Shift 键拖动可以将形状限制为正方形，如图 2-16 所示。

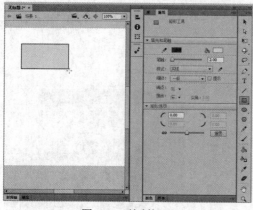

图 2-14　绘制矩形

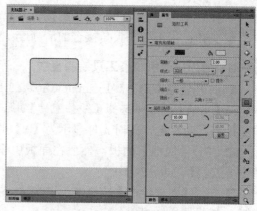

图 2-15　绘制圆角矩形

6 按住 Alt 键，然后单击舞台以显示【矩形设置】对话框，在其中可以指定宽度、高度（以像素为单位）、圆角半径，以及是否从中心绘制矩形等选项，为矩形指定一个特定大小，如图 2-17 所示。

图 2-16　按住 Shift 键绘制正方形

图 2-17　【矩形设置】对话框

2.3.3　椭圆工具

【椭圆工具】 可以绘制各种大小的椭圆形和正圆形，并且可以通过设置椭圆的开始角度和结束角度绘制出各种扇形，以及绘制出具有内径的圆。

动手操作　使用椭圆工具绘制图形

1 在【工具】面板中按下【椭圆工具】 按钮可以选择【椭圆工具】 。

2 在舞台上拖动鼠标可以绘制椭圆形，如图 2-18 所示。

3 可以通过【属性】面板的【椭圆选项】框输入开始角度和结束角度来绘制扇形。如图 2-19 所示为绘制扇形的效果。

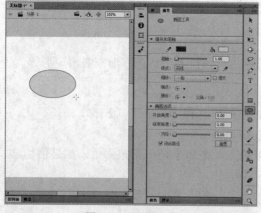

图 2-18　绘制矩形

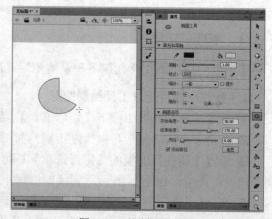

图 2-19　绘制圆角矩形

4 可以通过【属性】面板的【椭圆选项】框输入内径来绘制圆环图形，如图 2-20 所示。

5 按住 Shift 键拖动可以将形状限制为正方形。

6 按住 Alt 键，然后单击舞台以显示【椭圆设置】对话框，在其中可以指定宽度、高度（以像素为单位），以及是否从中心绘制矩形，为椭圆形指定一个特定大小，如图 2-21 所示。

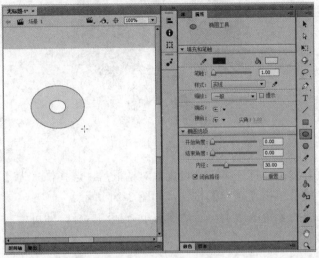

图 2-20 绘制圆环

图 2-21 【椭圆设置】对话框

2.3.4 多角星形工具

使用【多角星形工具】可以绘制多边形和星形。在绘制图形时，可以设置多边形的边数或星形的顶点数，也可以选择星形的顶点深度。

动手操作 使用多角星形工具绘制图形

1 在【工具】面板中单击【多角星形工具】按钮可以选择多角星形工具。

2 打开【属性】面板，可以选择填充和笔触属性。

3 在【属性】面板中单击【选项】按钮，可以执行以下操作：

● 样式：选择"多边形"或"星形"。

● 边数：输入一个介于 3～32 之间的数字。

● 星形顶点大小：输入一个介于 0～1 之间的数字以指定星形顶点的深度。此数字越接近 0，创建的顶点就越深（像针一样）。如果是绘制多边形，应保持此设置不变（它不会影响多边形的形状）。

动手操作 使用多角星形工具绘制多角星形插画

1 打开光盘中的"...\Example\Ch02\2.3.4.fla"文件，然后在【工具】面板中选择【多角星形工具】，此时光标显示为【+】的形状。

2 打开【属性】面板，设置多角星形工具的填充和笔触颜色、样式、缩放以及对象绘制模式等属性，然后单击【选项】按钮，并从打开的【工具设置】对话框中选择样式为【多边形】，接着设置边数，最后单击【确定】按钮，如图 2-22 所示。

3 按下【对象绘制】按钮，将鼠标移到舞台上卡通动物衣服的区域，然后向右下方拖动鼠标，即可绘制出一个多角形图形，如图 2-23 所示。

图 2-22　工具设置

图 2-23　绘制多边形

4 单击【属性】面板中的【选项】按钮，打开【工具设置】对话框后，选择样式为【星形】，然后设置边数和星形顶点大小，接着单击【确定】按钮，如图 2-24 所示。

5 将鼠标移到舞台上卡通动物衣服的多角图形上，然后向右下方拖动鼠标，即可绘制出一个星形图形，如图 2-25 所示。

图 2-24　设置星形选项

图 2-25　绘制星形图形

2.3.5　绘制基本图元图形

1. 关于图元

在 Flash 中，除了【合并绘制】和【对象绘制】两种绘图模式以外，【基本椭圆工具】 和【基本矩形工具】 还提供了【图元对象绘制】模式，该模式允许用户调整其形状特征。

2. 图元特点

在使用【基本椭圆工具】 和【基本矩形工具】 创建椭圆或矩形时，Flash 会将形状作为单独的对象来绘制。这些形状与使用【对象绘制】模式创建的形状不同。基本形状工具允许使用【属性】面板中的控件指定矩形的角半径、椭圆的起始角度和结束角度、内径等属性，还可以使用【选择工具】 直接修改图元对象的形状属性。

3. 【基本矩形工具】的使用

使用【基本矩形工具】绘制图形的方法与使用【矩形工具】绘制图形的方法相同，两者的属性项也基本相同。因此可以参照【矩形工具】█的用法，使用【基本矩形工具】█在舞台中绘制任意的矩形、正方形和圆角矩形。

绘制完成后，在【工具】面板中单击【选择工具】█选择矩形。此时矩形四个角分别出现形状调整点，拖动某个形状调整点，可以改变矩形的边角半径，如图 2-26 所示。

图 2-26 调整矩形的边角半径

如果想要编辑图元对象，可以双击图元对象，然后在打开的【编辑对象】对话框中单击【确定】按钮，将图元对象转换为绘制对象后，即可进行编辑操作，如图 2-27 所示。

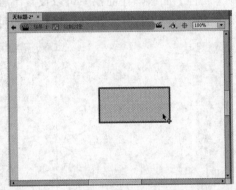

图 2-27 编辑图元对象前先将图元对象转换为绘制对象

4. 【基本椭圆工具】的使用

使用【基本椭圆工具】█绘制图形的方法与使用【椭圆工具】█绘制图形的方法相同，两者的属性项也基本相同。可以参照【椭圆工具】█的用法，使用【基本椭圆工具】█在舞台中绘制任意的椭圆或圆形。

绘制完成后，在【工具】面板中单击【选择工具】█，然后选择椭圆，此时椭圆的中心和边上分别出现形状调整点。拖动中心的形状调整点，可以将椭圆修改为圆环，如图 2-28 所示。拖动边上的形状调整点，可以将椭圆修改为扇形，如图 2-29 所示。

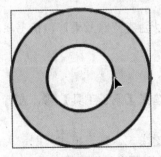

图 2-28 将椭圆修改为圆环

图 2-29 将椭圆修改为扇形

2.3.6　铅笔工具和刷子工具

1. 铅笔工具

使用铅笔工具 ✎ 可以绘制线条和形状。

◎ **动手操作　使用铅笔工具绘制图形**

1 在【工具】面板中单击【铅笔工具】按钮选择【铅笔工具】 ✎ ，或者在英文输入状态下按 Y 键。

2 在【工具】面板的【选项】组中可以设置绘图模式，并选择以下的铅笔模式，如图 2-30 所示。

- 伸直：若要绘制直线，并将接近三角形、椭圆、圆形、矩形和正方形的形状转换为这些常见的几何形状，可以选择【伸直】选项。
- 平滑：若要绘制平滑曲线，可以选择【平滑】选项。
- 墨水：若要绘制不用修改的手画线条，可以选择【墨水】选项。

3 打开【属性】面板，在面板中可以设置笔触颜色、笔触大小、平滑度等属性。

4 在舞台的合适位置按住左键拖动鼠标，即可绘制线条，如图 2-31 所示。

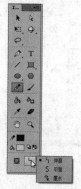

图 2-30　设置工具选项和属性

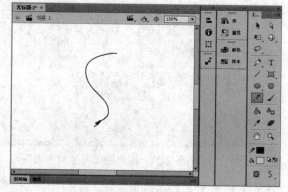

图 2-31　绘制图形

　问： 我想绘制线条时限制为垂直或水平方向，可以办到吗？

　　答： 可以。使用铅笔工具绘制笔触时，可以按住 Shift 键拖动可将线条限制为垂直或水平方向。

2. 刷子工具

刷子工具 ✏ 可以绘制类似于刷子的笔触。它可以创建特殊效果，包括书法效果。使用刷子工具功能键可以选择刷子大小和形状。

◎ **动手操作　使用刷子工具绘制图形**

1 在【工具】面板中单击【刷子工具】按钮可选择【刷子工具】 ✏ ，或者在英文输入状态下按 B 键。

2 在【工具】面板的【选项】组中可以设置绘图模式、刷子模式、刷子大小以及刷子形状等选项。

● 锁定填充 ![icon]：该功能可以使填充看起来好像扩展到整个舞台，并且用该填充涂色的对象好像是显示下面的填充色的遮罩。如图 2-32 所示为利用渐变色锁定填充与没有锁定填充的效果。

黑白渐变，没有锁定填充

黑白渐变，锁定了填充

图 2-32　锁定填充与否的效果

● 刷子模式：设置一种涂色模式。各种刷子模式的说明如下：

➢ 标准绘图：可对同一层的线条和填充涂色。效果如图 2-33 所示。

➢ 颜料填充：对填充区域和空白区域涂色，不影响线条。效果如图 2-34 所示。

图 2-33　标准绘图

图 2-34　颜料填充

➢ 后面绘画：在舞台上同一层的空白区域涂色，不影响线条和填充。效果如图 2-35 所示。

➢ 颜料选择：在【填充颜色】控件或【属性】检查器的【填充】框中选择填充时，新的填充将应用到选区中，就像选中填充区域然后应用新填充一样。效果如图 2-36 所示。

➢ 内部绘画：对开始刷子笔触时所在的填充进行涂色，但不对线条涂色。如果在空白区域中开始涂色，则填充不会影响任何现有填充区域。效果如图 2-37 所示。

● 刷子大小：选择刷子的大小。

● 刷子形状：选择刷子的形状。

图 2-35　后面绘画

图 2-36　颜料选择

图 2-37　内部绘画

3 在舞台的合适位置按住左键拖动鼠标，即可绘制形状，如图 2-38 所示。

4 如果将 Wacom 压敏平板电脑连接到计算机，可以选择【压力】功能键、【斜度】功能键或两者的组合来修改刷子笔触。效果如图 2-39 所示。

➢【压力】：通过改变铁笔上的压力来改变刷子笔触的宽度。

➢【斜度】：通过改变铁笔在 Wacom 压敏平板电脑上的角度来改变刷子笔触的角度。

　　在平板电脑上，仅在使用钢笔模式时，才能对【刷子工具】功能启用【斜度】和【压力】选项。

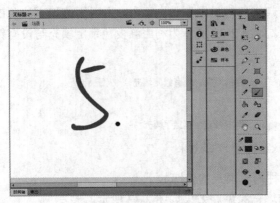

图 2-38 使用刷子工具绘图　　　　　　　　　图 2-39 改变压力和斜度绘图的效果

2.4 钢笔工具的使用

【钢笔工具】 用于绘制精确的路径（如直线或平滑流畅的曲线），使用【钢笔工具】绘画时，单击舞台可以创建点并将多次单击产生的点连成直线，而单击舞台后拖动鼠标则可以创建曲线段。

2.4.1 关于绘图路径

路径由一个或多个直线段或曲线段组成。线段的起始点和结束点由锚点标记，就像用于固定线的针一样。路径可以是闭合的（例如圆形），也可以是开放的，有明显的终点（如波浪线），如图 2-40 所示。

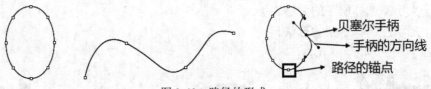

图 2-40 路径的形式

2.4.2 钢笔工具绘制状态

【钢笔工具】 显示的不同指针反映其当前绘制状态。具体说明如下：

● 初始锚点指针 ：选中【钢笔工具】后看到的第一个指针。指示下一次在舞台上单击鼠标时将创建初始锚点，它是新路径的开始（所有新路径都以初始锚点开始）。

● 连续锚点指针 ：指示下一次单击鼠标时将创建一个锚点，并用一条直线与前一个锚点相连接。在创建所有用户定义的锚点（路径的初始锚点除外）时，显示此指针。

● 添加锚点指针 ：指示下一次单击鼠标时将向现有路径添加一个锚点。若要添加锚点，必须选择路径，并且钢笔工具不能位于现有锚点的上方。Flash 会根据添加的锚点，重绘现有的路径。

● 删除锚点指针 ：指示下一次在现有路径上单击鼠标时将删除一个锚点。若要删除锚点，必须用选择工具选择路径，并且指针必须位于现有锚点的上方。软件会根据删除的锚点，重绘现有的路径。

- 连续路径指针 🖎：从现有锚点扩展新路径。若要激活此指针，鼠标必须位于路径上现有锚点的上方，并且仅在当前未绘制路径时，此指针才可用。需要注意，锚点未必是路径的终端锚点，任何锚点都可以是连续路径的位置。
- 闭合路径指针 🖎：在用户正绘制的路径的起始点处闭合路径。用户只能闭合当前正在绘制的路径，并且现有锚点必须是同一个路径的起始锚点。
- 连接路径指针 🖎：除了鼠标不能位于同一个路径的初始锚点上方外，与闭合路径工具基本相同。该指针必须位于唯一路径的任一端点上方。
- 回缩贝塞尔手柄指针 🖎：当鼠标位于显示其贝塞尔手柄的锚点上方时显示。用户在贝塞尔手柄的锚点上单击鼠标，即可回缩贝塞尔手柄，并使得穿过锚点的弯曲路径恢复为直线段。
- 转换锚点指针 ▷：该状态将不带方向线的转角点转换为带有独立方向线的转角点。

2.4.3　用钢笔工具绘制直线

使用【钢笔工具】 ✐ 可以绘制的最简单路径是直线。通过单击钢笔工具创建两个锚点，继续单击即可创建由转角点连接的直线段组成的路径。

动手操作　绘制五角星

1 新建一个 Flash 文件，在【工具】面板中选择【钢笔工具】 ✐ ，此时光标显示为钢笔笔头的形状。

2 打开【属性】面板，设置钢笔工具的笔触颜色、样式、缩放等属性，如图 2-41 所示。

3 在舞台上单击确定线段起点，再次单击后即创建直线段，如图 2-42 所示。

图 2-41　设置工具的属性

图 2-42　绘制第一个直线段

4 继续单击，为其他的直线段设置锚点，如图 2-43 所示。按住 Shift 键单击可以将该线段的角度限制为 45°的倍数。

图 2-43　单击设置锚点以绘制其他直线段

5 将【钢笔工具】 定位在第一个（空心）锚点上，当位置正确时，【钢笔工具】 指针旁边将出现一个小圆圈。此时单击或拖动可以闭合路径，完成五角星的绘制，如图 2-44 所示。

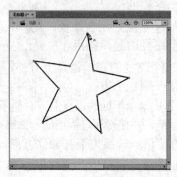

图 2-44　闭合路径绘出五角星图形

2.4.4　用钢笔工具绘制曲线

在曲线改变方向的位置处添加锚点，并拖动构成曲线的方向线即可创建曲线。方向线的长度和斜率决定了曲线的形状。

> 如果使用尽可能少的锚点拖动曲线，可以更容易编辑曲线并且系统可以更快速显示和打印它们。使用过多点会在曲线中造成不必要的凸起。

动手操作　使用【钢笔工具】绘制曲线

1 新建一个 Flash 文件，在【工具】面板中选择【钢笔工具】 ，此时光标显示为钢笔笔头的形状。

2 打开【属性】面板，设置钢笔工具笔触颜色、样式、缩放等属性，如图 2-45 所示。

3 将【钢笔工具】 定位在曲线的起始点并按住鼠标左键，此时会出现第一个锚点，同时钢笔工具指针变为箭头。

4 拖动设置要创建曲线段的斜率，然后松开鼠标左键，如图 2-46 所示。将方向线向要绘制的下一个锚点延长约三分之一距离即可。

1.定位钢笔工具　2.开始拖动（鼠标按键按下）

3.拖动以延长方向线

图 2-45　设置工具属性　　　　　　　图 2-46　创建曲线段斜率

5 将【钢笔工具】 定位到曲线段结束的位置，执行下列操作之一：

（1）如果要创建 C 形曲线，以与上一方向线相反的方向拖动，然后松开鼠标左键，如图

2-47 所示。

1.开始拖动第二个平滑点   2.远离上一方向线方向拖动   3.松开鼠标按键

图 2-47   绘制 C 形曲线

（2）如果要创建 S 形曲线，以与上一方向线的相同方向拖动，然后松开鼠标左键，如图 2-48 所示。

1.开始拖动新的平滑点   2.往前一方向线的方向拖动   3.松开鼠标按键

图 2-48   绘制 S 形曲线

6 若要创建一系列平滑曲线，继续从不同位置拖动【钢笔工具】。将锚点置于每条曲线的开头和结尾，而不放在曲线的顶点（这样不会闭合曲线），效果如图 2-49 所示。

图 2-49   绘制平滑曲线

2.4.5   添加或删除锚点

添加锚点可以更好地控制路径，也可以扩展开放路径。但是，最好不要添加不必要的点。点越少的路径越容易编辑、显示和打印。若要降低路径的复杂性，建议删除不必要的点。

【工具】面板中包含 3 个用于添加或删除点的工具，它们分别是【钢笔工具】、【添加锚点工具】和【删除锚点工具】。默认情况下，将【钢笔工具】定位在选定路径上时，它会变为添加锚点工具，将【钢笔工具】定位在锚点上时，它会变为删除锚点工具。

动手操作   添加或删除锚点

1 选择要修改的路径。

2 在【工具】面板中按住【钢笔工具】按钮，然后在显示的列表中选择【钢笔工具】、【添加锚点工具】或【删除锚点工具】，如图 2-50 所示。

3 如果要添加锚点，将指针定位到路径段上，然后单击。

4 如果要删除锚点，将指针定位到锚点上，然后单击，如图 2-51 所示。

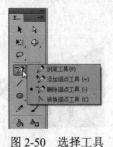

图 2-50   选择工具

图 2-51   删除锚点

2.4.6　转换路径上的锚点

在使用【钢笔工具】绘制曲线时，将创建平滑点（即连续的弯曲路径上的锚点）。在绘制直线段或连接到曲线段的直线时，将创建转角点（即在直线路径上或直线和曲线路径接合处的锚点）。

使用【转换锚点工具】可以将不带方向线的转角点转换为带有独立方向线的平滑点，或者将平滑点转换为转角点。

在【工具】面板中选择【转换锚点工具】。在平滑点上单击，即可将平滑点转换为转角点，如图 2-52 所示。在转角点上使用【转换锚点工具】按住转角点并拖动，即可将转角点转换为平滑点，如图 2-53 所示。

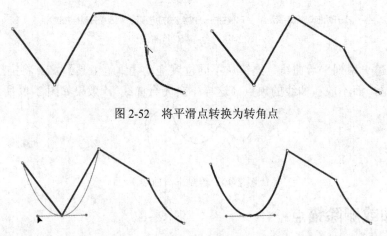

图 2-52　将平滑点转换为转角点

图 2-53　将转角点转换为平滑点

2.5　修改图形

在 Flash 中应用图形时，修改图形是比较常见的操作。下面将详细介绍修改图形的方法。

2.5.1　修改线条或形状

使用【选取工具】拖动线条上的任意点可以改变线条或形状轮廓的形状。此时指针会发生变化，以指明在该线条或填充上可以执行哪种类型的形状改变。

当需要修改绘图对象的边缘形状时，可以先选择【选取工具】，然后移动鼠标到对象边缘处，待其变成状，按住图形的边缘并拖动即可调整形状，如图 2-54 所示。

当需要修改绘图对象的边角时，同样先选择【选择工具】，然后移动鼠标到对象的边角处，待其变成状，按住图形的边角并拖动即可调整形状，如图 2-55 所示。

图 2-54　调整形状边缘　　　　图 2-55　调整形状边角

修改线条和形状时，Flash 调整线段曲线以适应移动点的新位置。如果重新定位的点是一个结束点，则线条将延长或缩短。如果重定位的点是转角，则组成转角的线段在它们变长或缩短时仍保持伸直状态。

动手操作　修改矩形形状

1 打开光盘中的　"...\Example\Ch02\2.5.1.fla" 文件，然后在【工具】面板中选择【选择工具】。

2 将鼠标移到舞台插图人物头顶的矩形上边缘，当鼠标变成状时，即向上拖动，修改矩形上边缘形状，如图 2-56 所示。

3 将鼠标移到矩形的左边缘，当鼠标变成状时，即向左拖动，修改矩形左边缘形状，如图 2-57 所示。

图 2-56　修改矩形上边缘形状

图 2-57　修改矩形左边缘形状

4 使用步骤 3 的方法，修改矩形右边缘的形状，效果如图 2-58 所示。

5 将鼠标移到矩形的上边缘的左转角点上，当鼠标变成状时，即向上方拖动，修改矩形上边缘左转角的位置。使用相同的方法修改矩形上边缘右转角的位置，如图 2-59 所示。

图 2-58　修改矩形右边缘形状

图 2-59　修改矩形转角点的位置

2.5.2　修改图形的路径

可以使用【部分选取工具】通过修改路径改变形状和笔触。在【工具】面板中选用【部分选取工具】后，只需单击线条或形状的边缘，即可显示它们的路径。此时只需调整路径的位置，或通过路径上的手柄调整路径形状，即可改变线条和形状，如图 2-60 所示。

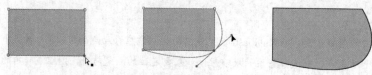

图 2-60　使用部分选取工具修改路径

动手操作　修改矩形的路径

1 打开光盘中的 "...\Example\Ch02\2.5.2.fla" 文件，在【工具】面板中选择【部分选取工具】 ，接着将鼠标移到舞台矩形对象边缘并单击，显示形状的路径，如图 2-61 所示。

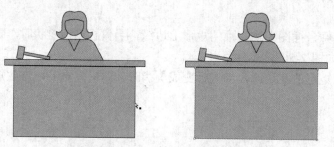

图 2-61　显示矩形的路径

2 选择【添加锚点工具】 ，然后在矩形对象左右边缘路径中间分别添加一个锚点，如图 2-62 所示。

3 选用【部分选取工具】 ，然后按住 Alt 键后拖动新添加的锚点，将转角点转换为平滑点，并显示控制手柄，如图 2-63 所示。

图 2-62　添加锚点　　　　　　　　　图 2-63　将转角点转换为平滑点

4 使用【部分选取工具】 按住手柄并移动鼠标调整路径的形状，如图 2-64 所示。

5 使用步骤 3 和步骤 4 的方法，将矩形左边缘路径中央的转角点转换为平滑点，并通过调整手柄的方向线调整路径形状，效果如图 2-65 所示。

图 2-64　修改矩形路径的形状　　　　　　图 2-65　修改矩形另一侧路径的形状

2.6　二次填色与修改

在绘图前可以先设置填充颜色和笔触颜色。如果预先设置的颜色不符合要求，也可以在绘图后进行二次填充与修改。

2.6.1　使用颜料桶工具

【颜料桶工具】的作用是用颜色填充封闭或不完全封闭的区域。在 Flash CC 中，可以用此工具执行以下操作：

（1）填充空区域，然后更改已涂色区域的颜色。

（2）用纯色、渐变填充和位图填充进行涂色。

（3）使用颜料桶工具填充不完全闭合的区域。

（4）使用颜料桶工具时，使 Flash 闭合形状轮廓上的空隙。

在使用【颜料桶工具】时，可以通过设置【间隔大小】选项，对封闭或不完全封闭区域进行更好的填充。【间隔大小】选项说明如下：

- 【不封闭空隙】：不自动封闭所选区域的间隙，所以无法填充未封闭的区域。
- 【封闭小空隙】：自动封闭所选区域的小间隙，然后填充颜色。
- 【封闭中等空隙】：自动封闭所选区域的中等间隙，然后填充颜色。
- 【封闭大空隙】：自动封闭所选区域的大间隙，然后填充颜色。

动手操作　为铅笔画填色

1 打开光盘中的 "...\Example\Ch02\2.6.1.fla" 文件，在【工具】面板中选择【颜料桶工具】，然后单击【工具】面板下方选项组区域的填充控件打开调色板，并从调色板中选择一种颜色，如图 2-66 所示。

2 打开【间隔大小】列表框，选择【不封闭空隙】选项，如图 2-67 所示。

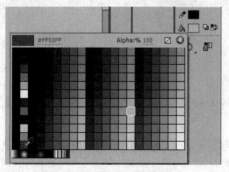

图 2-66　选择一种填充颜色

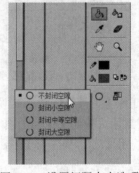

图 2-67　设置间隔大小选项

3 设置填充颜色后，使用【颜料桶工具】在插图中带眼睛图形的空白位置上单击，填充设置的颜色，如图 2-68 所示。

4 保持【颜料桶工具】的设置，打开【工具】面板上的调色板，选择另外一种颜色，接着填充插头接触头图形的颜色，如图 2-69 所示。

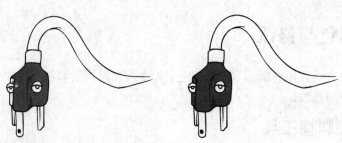

图 2-68　填充选定的颜色

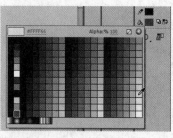

图 2-69　更改颜色后填充

　　5 打开【颜色】面板并更改填充类型为【线性渐变】，接着按【填充颜色】按钮 ，设置由红色到黄色的渐变，如图 2-70 所示。

　　6 更改填充颜色后，使用【颜料桶工具】 在卡通插头上方的空白区域上单击，填充渐变颜色，如图 2-71 所示。

图 2-70　设置渐变颜色　　　　　　　　　　图 2-71　填充渐变颜色

　　7 打开【工具】面板上的调色板，选择另外一种颜色，接着打开【间隔大小】选项列表并选择【封闭大空隙】选项，如图 2-72 所示。

　　8 使用【颜料桶工具】 在卡通插头的电线空白区域上单击，填充选定的颜色，如图 2-73 所示。

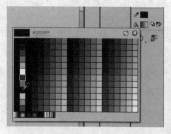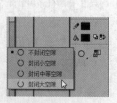

图 2-72　更改颜色和间隔大小选项　　　　　图 2-73　填充电线空白区域的颜色

2.6.2 使用墨水瓶工具

【墨水瓶工具】可以用于更改线条或形状轮廓的笔触颜色、宽度和样式，也可以为没有外部轮廓的图形添加外部轮廓线。

动手操作 为插图添加轮廓线

1 打开光盘中的 "...\Example\Ch02\2.6.2.fla" 文件，在【工具】面板中选择【墨水瓶工具】，然后在【颜色】面板中设置笔触颜色为【黑色】，如图 2-74 所示。

2 打开【属性】面板，在【属性】面板上设置笔触高度为 3、样式为【实线】，如图 2-75 所示。

图 2-74 设置笔触颜色

图 2-75 设置笔触高度和样式

3 在卡通插图的形状边缘上单击，为其添加高度为 3 且颜色为黑色的实线轮廓线，如图 2-76 所示。

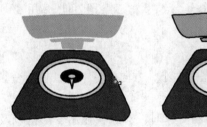

图 2-76 为插图填充笔触

2.6.3 使用滴管工具

【滴管工具】可以从一个对象复制填充和笔触属性，然后将它们应用到其他对象上。【滴管工具】还允许从位图图像取样用作填充。

在【工具箱】面板中单击【滴管工具】按钮，然后单击要复制其属性的笔触或填充区域，即可复制目标的属性。当复制填充区域的属性后，该工具就自动切换为选中【颜料桶工具】或【墨水瓶工具】的状态，以便可以应用填充颜色和笔触。

动手操作 快速应用插图的填充和笔触

1 打开光盘中的 "...\Example\Ch02\2.6.3.fla" 文件，在【工具】面板中选择【滴管工具】，此时将鼠标移到舞台插图的瓶身的红色圆形填充区域上，单击复制【红色】的填充颜色，如图 2-77 所示。

2 当复制形状的填充颜色后，鼠标将变成 形状，【工具】面板切换到选中【颜料桶工具】
。将鼠标移到插图瓶身的空白位置上，单击填充复制到的颜色，如图 2-78 所示。

图 2-77　复制填充颜色　　　　　　　　图 2-78　应用填充颜色

3 选择【滴管工具】，将鼠标移到舞台插图中瓶身下方的椭圆形笔触上，单击复制该
椭圆形的笔触属性，如图 2-79 所示。

4 当复制笔触的属性后，鼠标将变成 形状，【工具】面板切换到选中【颜料桶工具】。
将鼠标移到插图瓶身中央没有笔触的椭圆形边缘上，单击应用笔触，如图 2-80 所示。

图 2-79　复制笔触属性　　　　　　　　图 2-80　应用笔触属性

2.6.4　使用渐变变形工具

【渐变变形工具】可以调整填充的大小、方向或者中心，使渐变填充产生变形，从而修
改渐变填充颜色的效果。

使用【渐变变形工具】调整插图对象时，对象会显示变形框以及变形手柄。通过调整
变形手柄，可达到修改渐变颜色或位图的目的。如图 2-81 所示为编辑【径向渐变】类型的填
充时出现的变形手柄。

渐变变形工具手柄的功能说明如下：

- 中心点 ⊙：中心点手柄的变换图标是一个四向箭头，
  用于调整渐变中心的位置。
- 焦点 ▽：焦点手柄的变换图标是一个倒三角形，用于
  调整渐变焦点的方向（仅在选择放射状渐变时才显
  示焦点手柄）。
- 大小 ⊙：大小手柄的变换图标是内部有一个箭头的圆
  圈，用于调整渐变范围的大小。
- 旋转 ⟳：旋转手柄的变换图标是组成一个圆形的四个
  箭头，用于调整渐变的旋转。

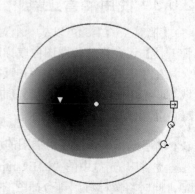

图 2-81　使用渐变变形工具

● 宽度➡：宽度手柄，用于调整渐变的宽度。

 问：为什么使用【渐变变形工具】选择渐变形状后只显示 3 个手柄？

答：并非所有填充的渐变变形框都会出现 5 个变形手柄，对于【线性】类型的渐变填充和位图填充，默认只会出现中心点、大小和焦点 3 个手柄。

动手操作　修改人物衣服颜色

1 打开光盘中的"...\Example\Ch02\2.6.4.fla"文件，在【工具】面板中长按【任意变形工具】按钮，打开列表框后选择【渐变变形工具】。

2 将鼠标指针移到卡通插图的衣服形状上，单击选择形状，形状会显示渐变变形框。此时按住旋转手柄，然后向右下方旋转，使渐变颜色从水平渐变转换成垂直渐变，如图 2-82 所示。

图 2-82　选择渐变变形工具并调整渐变方向

3 按住渐变变形框的宽度手柄➡，垂直向下移动，扩大渐变填充的垂直宽度，接着按住渐变变形框的中心手柄，向上移动，调整渐变填充的中心位置，如图 2-83 所示。

图 2-83　调整渐变宽度和中心点位置

2.7 技能训练

下面通过多个上机练习实例，巩固所学知识。

2.7.1 上机练习1：将线条画制成彩色插画

本例将对一幅由线条构成的插画进行填充处理，以制作成彩色的插画效果。

操作步骤

1 打开光盘中的"...\Example\Ch02\2.7.1.fla"文件，在【工具】面板中选择【颜料桶工具】，然后选择【不封闭空隙】选项，再打开调色板并选择颜色【#FFCC00】，如图2-84所示。

图 2-84　选择工具并设置颜色

2 使用【颜料桶工具】在插图中蝴蝶翅膀的空白区域上单击，填充该区域的颜色，如图2-85所示。

3 打开【工具】面板的填充颜色调色板，然后选择颜色【#FFCC99】，接着在插图中卡通人物的肢体区域上单击以填充颜色，如图2-86所示。

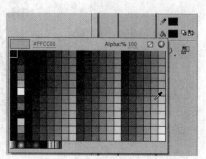

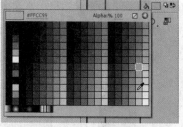

图 2-85　填充蝴蝶翅膀区域

图 2-86　更改填充颜色并填充肢体区域

4 打开【工具】面板的填充颜色调色板，然后选择颜色【#FF0000】，接着在插图中卡通人物的腰带和头发区域上单击以填充颜色，如图2-87所示。

5 在【工具】面板中选择【滴管工具】，然后在蝴蝶翅膀区域的颜色上单击复制填充颜色，接着在人物手中的棒子区域上单击填充复制的颜色，如图2-88所示。

图 2-87　更改填充颜色并执行填充　　　　　图 2-88　复制填充颜色并应用

6 选择【滴管工具】 ✎ ，然后在头发区域的颜色上单击复制填充颜色，接着在五角星区域上单击填充复制的颜色，如图 2-89 所示。

7 选择【颜料桶工具】 ⏢ ，打开【颜色】面板并设置填充类型为【线性渐变】，然后设置从颜色【#FF99CC】到颜色【#FFFF99】的渐变，接着在卡通人物裙子区域上单击填充渐变颜色，如图 2-90 所示。

图 2-89　再次复制颜色并应用　　　　　　图 2-90　设置渐变颜色并填充

8 在【工具】面板中选择【渐变变形工具】 ▦ ，使用此工具选择裙子上衣的填充颜色，然后向左上方旋转渐变，填充渐变颜色的方向，如图 2-91 所示。

9 选择【选择工具】 ▶ ，然后在五角星笔触上双击选择到该图形的全部笔触，打开【属性】面板，设置笔触高度为 4，如图 2-92 所示。

图 2-91　调整渐变颜色的方向　　　　　图 2-92　更改五角星的笔触高度

2.7.2　上机练习 2：制作更创意的插画背景

本例先将一幅插画的纯色背景修改为渐变颜色，然后对渐变颜色进行适当的处理，使插画

57

的背景更加美观。

操作步骤

1 打开光盘中的 "...\Example\Ch02\2.7.2.fla" 文件，使用【选择工具】 选择到插画的背景填充颜色，打开【颜色】面板并修改填充类型为【径向渐变】，如图 2-93 所示。

图 2-93　更改填充颜色类型

2 选择【当前颜色样本】栏左端的颜色色标，再双击色标打开调色板，选择颜色【#FF6633】，然后双击右端色标打开调色板，选择颜色【#FF00FF】，如图 2-94 所示。

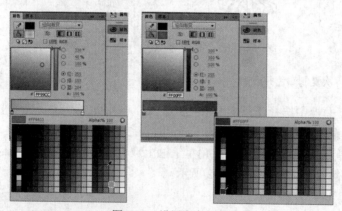

图 2-94　设置渐变颜色

3 将鼠标移到【当前颜色样本】栏中央处并单击添加一个色标，然后设置该色标的颜色为【#FFFF66】，如图 2-95 所示。

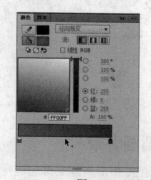

图 2-95　添加色标并设置颜色

4 返回舞台中可以看到选定的填充颜色已经变成渐变颜色效果。选择【渐变变形工具】  并选择背景颜色，然后向外拖动【大小手柄】按钮 ⊙ ，向外扩大渐变颜色，如图 2-96 所示。

图 2-96　扩大渐变颜色

2.7.3　上机练习 3：换上夏威夷风格的衣服

本例将利用设置位图填充的方式，为插画中卡通人物的上衣应用位图填充，使上衣具有夏威夷风格的效果。

操作步骤

1 打开光盘中的"...\Example\Ch02\2.7.3.fla"文件，使用【选择工具】 ↖ 选择上衣对象并双击打开对象编辑窗口，再选择窗口中的全部上衣形状，然后打开【颜色】面板并更改类型为【位图填充】，如图 2-97 所示。

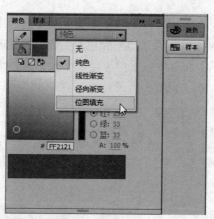

图 2-97　编辑对象并更改填充类型

2 打开【导入到库】对话框后，选择光盘中的"...\Example\Ch02\图案.jpg"图片素材，然后单击【打开】按钮，如图 2-98 所示。

3 此时选中的上衣形状将应用位图填充，单击【场景 1】按钮返回场景中，再查看卡通插画的效果，如图 2-99 所示。

图 2-98　选择位图以设置位图填充

图 2-99　查看插画更改填充的效果

2.7.4　上机练习 4：绘制简易版的蝴蝶插画

本例将通过绘制矩形、修改矩形、绘制路径并填充颜色，以及复制和反转对象等处理，绘制出一个简易的蝴蝶插画。

操作步骤

1 新建一个 Flash 文件，在【工具】面板中选择【矩形工具】▇，打开【笔触颜色】的调色板并选择【无】▨，再打开【填充颜色】的调色板并选择颜色【#999999】，如图 2-100 所示。

2 在【工具】面板中按【对象绘制】按钮 ▣，使用【矩形工具】▇，在舞台中央绘制一个矩形，如图 2-101 所示。

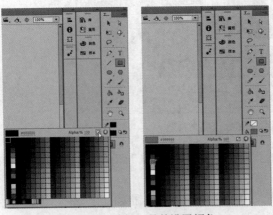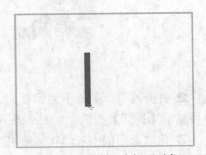

图 2-100　选择工具并设置颜色　　　　　　　图 2-101　绘制一个矩形对象

3 打开舞台编辑栏的【显示比例】菜单，选择【200%】选项放大舞台显示，然后选择【选择工具】▶️，按住矩形左上方转角点并向右下方移动，再按住矩形左下方转角点并向右上方移动，分别调整矩形左上方和左下方转角点的位置，如图 2-102 所示。

4 使用【选择工具】▶️将鼠标移动到矩形上边缘处，按住上边缘向上移动，调整上边缘形状，使用相同的方法，调整矩形左边缘和下边缘的形状，如图 2-103 所示。

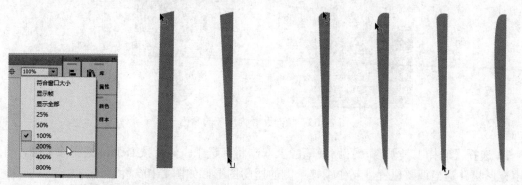

图 2-102　调整显示比例并移动矩形转角点　　　　图 2-103　调整边缘形状

5 在【工具】面板中选择【钢笔工具】✒️，然后参考如图 2-104 所示的过程绘制路径。

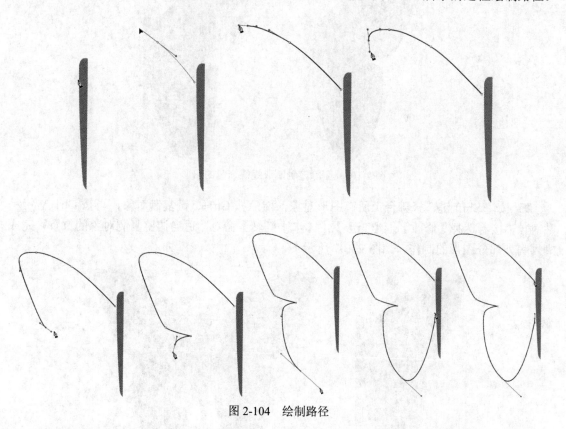

图 2-104　绘制路径

6 在【工具】面板中选择【颜料桶工具】🪣，然后打开填充颜色的调色板并选择颜色【#999999】，使用该工具在上一步骤绘制的路径空白区域上单击填充颜色，如图 2-105 所示。

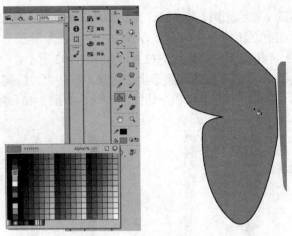

图 2-105　填充路径内区域的颜色

7 选择【选择工具】 ，在路径笔触上双击将其选中，然后按 Delete 键删除笔触，再选择填充形状并适当调整位置，制作蝴蝶一侧的翅膀图形，如图 2-106 所示。

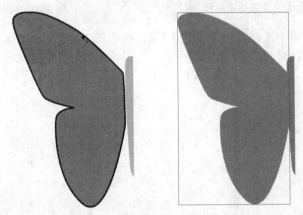

图 2-106　删除笔触制成蝴蝶一侧的图形

8 按住 Shift 键选择舞台上所有图形对象，然后按 Ctrl+C 键复制对象，再按 Ctrl+V 键粘贴对象，接着选择【修改】|【变形】|【水平翻转】命令，适当调整复制对象的位置，完成蝴蝶另外部分图形的制作，如图 2-107 所示。

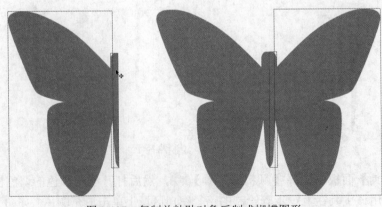

图 2-107　复制并粘贴对象后制成蝴蝶图形

2.7.5　上机练习 5：将简易蝴蝶制成创意插画

本例将对上例绘制的蝴蝶图形进行调色、添加笔触、复制组合形状等处理，将简易的蝴蝶图形制作成创意插画。

操作步骤

1 打开光盘中的 "...\Example\Ch02\2.7.5.fla" 文件，选中蝴蝶左侧的翅膀形状对象，然后打开【颜色】面板并修改填充类型为【线性渐变】，再设置由白色到灰色的渐变颜色，如图 2-108 所示。

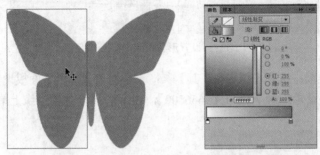

图 2-108　更改左侧蝴蝶形状对象的颜色

2 选择左侧的翅膀形状对象并单击右键，从菜单中选择【复制】命令，然后按 Ctrl+V 键粘贴形状对象，接着选择【任意变形工具】并选择粘贴的形状对象，再按住变形框左侧控制点并向左方移动，扩大形状对象，如图 2-109 所示。

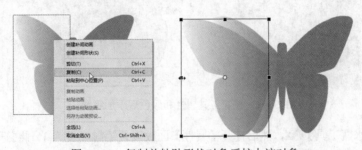

图 2-109　复制并粘贴形状对象后扩大该对象

3 在粘贴的形状对象上单击右键并选择【排列】|【移至底层】命令，然后使用【选择工具】调整形状对象的位置，如图 2-110 所示。

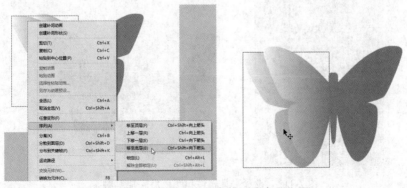

图 2-110　调整形状对象排列顺序和位置

4 选择蝴蝶左侧下层的形状对象，打开【颜色】面板并设置如图 2-111 所示的渐变颜色。

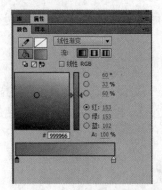

图 2-111　设置形状对象的渐变颜色

5 在【工具】面板中选择【墨水瓶工具】，然后打开【属性】面板设置笔触高度为 2，再打开【颜色】面板并设置笔触颜色为【#666600】，在下层形状对象边缘上单击添加笔触，如图 2-112 所示。

图 2-112　设置工具属性和颜色后添加笔触

6 选择【墨水瓶工具】，然后打开【属性】面板设置笔触高度为 1，再打开【颜色】面板并设置笔触颜色为【#999999】，在蝴蝶左侧上层形状对象边缘上单击添加笔触，如图 2-113 所示。

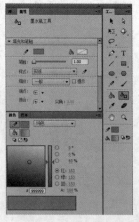

图 2-113　设置工具属性和颜色后添加笔触

7 按住 Shift 键选择蝴蝶右侧的身体和翅膀形状对象，打开【颜色】面板更改颜色为【#D5CC99】，如图 2-114 所示。

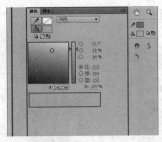

图 2-114 更改右侧形状对象的颜色

8 选择蝴蝶左侧下层形状对象并执行【复制】命令，按 Ctrl+V 键粘贴形状对象并进行水平翻转的处理，然后调整形状对象的排列顺序和位置，如图 2-115 所示。

图 2-115 复制形状对象并制成另一侧的蝴蝶图形

2.7.6 上机练习 6：快速绘制鸭舌帽图形

本例先绘制一个矩形，然后删除其中一个转角点，再通过修改边缘的形状和绘制一条线条，制作出一顶鸭舌帽图形。

操作步骤

1 打开光盘中的"...\Example\Ch02\2.7.6.fla"文件，在【工具】面板中选择【矩形工具】，打开【属性】面板并设置笔触颜色为【黑色】、填充颜色为【#CC9966】、笔触高度为 1，然后在舞台上绘制一个矩形，如图 2-116 所示。

2 选择【部分选取工具】，在矩形笔触上单击显示出路径，再选择【删除锚点工具】，在矩形路径左上角的转角点上单击删除该锚点，如图 2-117 所示。

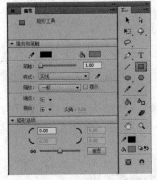

图 2-116 在舞台上绘制一个矩形   图 2-117 显示路径并删除锚点

3 选择【选择工具】 ，然后通过调整图形边缘形状的方法，调整删除锚点后的图形形状，如图 2-118 所示。

图 2-118 调整图形的形状

4 选择【选择工具】 并选中调整形状后的图形，然后将图形移到卡通人物的头顶上，如图 2-119 所示。

5 选择【铅笔工具】 ，在【工具】面板上选择【平滑】选项，再打开【属性】面板并设置颜色为【黑色】、笔触为 1，然后在图形上绘制一条平滑线条，完成鸭舌帽图形的绘制，如图 2-120 所示。

图 2-119 调整图形的位置　　　　　　图 2-120 使用铅笔工具绘制线条

2.8 评测习题

一、填充题

（1）计算机以_____或位图格式显示图形。

（2）Flash CC 有_____和对象绘制两种绘图模式。

（3）_____由一个或多个直线段或曲线段组成，线段的起始点和结束点由锚点标记，就像用于固定线的针一样。

二、选择题

（1）以下哪个工具可以用于更改线条或形状轮廓的笔触颜色、宽度和样式？　　　　（　　）

A．墨水瓶工具　　　B．颜料桶工具　　　C．渐变边形工具　　D．选择工具

（2）如果想要绘制一个正方形图形，可以选择【矩形工具】后，再按住哪个键后拖动鼠标来绘制？　　　　　　　　　　　　　　　　　　　　　　　　　　　　　　（　）

A．Ctrl 键　　　　　B．Alt 键　　　　　C．Shift 键　　　　D．Tab 键

（3）路径可以有两种锚点，这两种锚点是下面哪项？　　　　　　　　　　　　（　）

A．直线点和曲线点　　　　　　　　B．折点和圆点

C．中心点和平滑点　　　　　　　　D．转角点和平滑点

（4）颜色的填充类型不包括以下哪种选项？　　　　　　　　　　　　　　　　（　）

A．无　　　　　　　B．纯色　　　　　C．线性渐变　　　　D．螺旋状渐变

三、判断题

（1）在 Flash 的绘图操作中，"合并绘制"是默认的绘制模式，这种模式在重叠绘制的形状时，会自动进行合并。　　　　　　　　　　　　　　　　　　　　　　　　　（　）

（2）【颜料桶工具】可以用于更改线条或形状轮廓的笔触颜色、宽度和样式。　（　）

（3）使用【转换锚点工具】可以将不带方向线的转角点转换为带有独立方向线的平滑点；或者将平滑点转换为转角点。　　　　　　　　　　　　　　　　　　　　　（　）

四、操作题

为气球插图绘制一条曲线图形，结果如图 2-121 所示。

图 2-121　为气球绘制线条的结果

操作提示

（1）打开光盘中的"...\Example\Ch02\2.8.fla"练习文件，选择【线条工具】，再打开【属性】面板设置工具的笔触颜色【#990066】和笔触大小为 1。

（2）在插图的索结图形中央处向下绘制一条直线。

（3）选择【添加锚点工具】，在直线上半部分中添加一个锚点。

（4）选择【转换锚点工具】，按住直线对象的锚点并轻移，将转角点转换为平滑点。

（5）在【工具】面板中选择【部分选取工具】，然后按住其中一个方向手柄并拖动，调整线条的弧度，再按住另外一个方向手柄并拖动，将线条变成弯曲效果。

第3章　内容和资源的管理

学习目标

Flash CC 可以导入和创建多种资源来设计 Flash 动画，这些资源在 Flash 中作为元件、实例和各种对象进行管理。本章将讲解在 Flash 中使用元件和元件实例、变形和组合对象等内容。

学习重点

☑ 创建元件和编辑元件
☑ 创建与编辑元件实例
☑ 交换和分离元件实例
☑ 变形与组合对象

3.1　元件与元件实例

元件与元件实例是创作 Flash 动画时最常用的内容。通过对元件与元件实例的使用，可以使动画在尽量降低文件体积的同时，有更丰富的内容调配和资源的利用。

3.1.1　关于元件和实例

元件是指在 Flash 创作环境中或使用 SimpleButton（AS 3.0）和 MovieClip 类一次性创建的图形、按钮或影片剪辑。用户可在整个文件或其他文件中重复使用元件。

实例是指位于舞台上或嵌套在另一个元件内的元件副本。实例可以与其父元件在颜色、大小和功能方面有差别。编辑元件会更新它的所有实例，但对元件的一个实例应用效果则只更新该实例。

问：AS 3.0、SimpleButton、MovieClip 是什么？

答：AS 3.0 是 ActionScript 3.0 的缩写。ActionScript 是 Adobe Flash Player 和 Adobe AIR 运行时环境的编程语言。它在 Flash、Flex 和 AIR 内容和应用程序中实现交互性、数据处理以及其他许多功能。目前 ActionScript 最新版本为 3.0。其中上文的 SimpleButton 和 MovieClip 都是 ActionScript 3.0 的类对象。

（1）在文件中使用元件可以显著减小文件的体积。

（2）保存一个元件的几个实例比保存该元件内容的多个副本占用的存储空间小。例如，通过将背景图像这样的静态图形转换为元件然后重新使用它们，可以减小文件的体积。

（3）使用元件还可以加快 SWF 文件的播放速度，因为元件只需下载到 Flash Player 中一次。

（4）在创作或运行时，可以将元件作为共享库资源在文件之间共享。对于运行时共享资源，可以把源文件中的资源链接到任意数量的目标文件中，而无需将这些资源导入目标文件。

在 Flash CC 中，每个元件都有一个唯一的时间轴、舞台及图层。可以将帧、关键帧和图层添加至元件时间轴，就像可以将它们添加至主时间轴一样。如图 3-1 所示为不同元件在【库】面板中的显示形式。

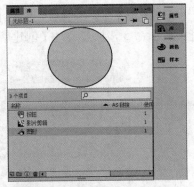

元件类型说明如下：

- 图形元件 <img>：可用于静态图像，并可用来创建连接到主时间轴的可重用动画片段。图形元件与主时间轴同步运行。另外，交互式控件和声音在图形元件的动画序列中不起作用，而且图形元件在 Flash 文件中的尺寸小于按钮或影片剪辑。

图 3-1　【库】面板中的各类元件

- 按钮元件 <img>：可以创建用于响应鼠标单击、滑过或其他动作的交互式按钮。可以定义与各种按钮状态关联的图形，然后将动作指定给按钮实例。

- 影片剪辑元件 <img>：可以创建可重用的动画片段。影片剪辑拥有各自独立于主时间轴的多帧时间，可以将多帧时间轴看作是嵌套在主时间轴内，它们可以包含交互式控件、声音甚至其他影片剪辑实例。另外，也可以将影片剪辑实例放在按钮元件的时间轴内，以创建动画按钮，甚至可以使用 ActionScript 对影片剪辑进行改编。

3.1.2　创建元件

1. 创建文件

<img> **动手操作　创建文件**

1 打开【插入】菜单，选择【新建元件】命令或者按 Ctrl+F8 键，打开【创建新元件】对话框后，设置元件的名称、类型选项，单击【确定】按钮，如图 3-2 所示。

 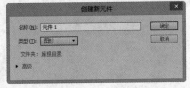

图 3-2　通过菜单命令创建元件

2 选择【窗口】|【库】命令，打开【库】面板后，单击【新建元件】按钮 <img>，打开【创建新元件】对话框后，设置元件的名称、类型选项，接着单击【确定】按钮，如图 3-3 所示。

 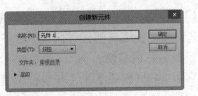

图 3-3　通过【库】面板按钮创建元件

中文版 Flash CC 动画设计互动教程

3 打开【库】面板后，单击【库】面板右上角的 按钮，从打开的快捷菜单中选择【新建元件】命令，接着通过【创建新元件】对话框设置元件选项，如图 3-4 所示。

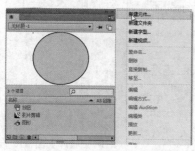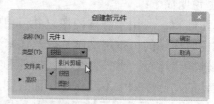

图 3-4 通过【库】面板快捷菜单创建元件

2. 将舞台对象转换为元件

Ｑ **动手操作 将舞台对象转换为元件**

1 打开光盘中的 "...\Example\Ch03\3.1.2.fla" 文件，选择需要转换为元件的对象。

2 选中舞台的对象后单击右键，从弹出的快捷菜单中选择【转换为元件】命令（或按 F8 键），如图 3-5 所示。

3 打开【转换为元件】对话框后，设置元件名称并选择元件类型，然后单击【确定】按钮，如图 3-6 所示。

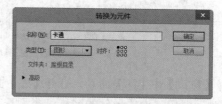

图 3-5 选择【转换为元件】命令　　图 3-6 设置元件名称和类型

3.1.3 编辑元件

编辑元件时，Flash 会更新文档中该元件的所有实例。

1. 在当前位置编辑

在当前位置编辑元件时，元件在舞台上可以与其他对象一起进行编辑，而其他对象以灰显方式出现，从而将它们和正在编辑的元件区别开。正在编辑的元件的名称显示在舞台顶部的编辑栏内，位于当前场景名称的右侧。

选择元件，然后再选择【编辑】|【在当前位置编辑】命令，或者直接双击元件即可在当前位置编辑元件，如图 3-7 所示。

图 3-7　在当前位置编辑元件

2. 在新窗口中编辑

在新窗口中编辑元件，可以让元件在单独的窗口中编辑，方便用户同时看到该元件和主时间轴。正在编辑的元件的名称会显示在舞台顶部的编辑栏内。

选择元件并单击右键，然后从打开的快捷键菜单中选择【在新窗口中编辑】命令即可在新窗口中编辑元件，如图 3-8 所示。

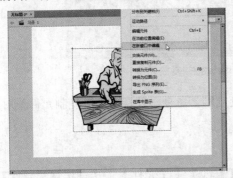

图 3-8　在新窗口中编辑元件

3. 使用元件编辑模式编辑元件

使用元件编辑模式，可将窗口从舞台视图更改为只显示该元件的单独视图。正在编辑的元件的名称会显示在舞台顶部的编辑栏内，位于当前场景名称的右侧。

选择元件并单击右键，然后从打开的快捷键菜单中选择【编辑】命令，或者选择【编辑】|【编辑元件】命令（快捷键为 Ctrl+E）即可使用元件编辑模式编辑元件，如图 3-9 所示。

图 3-9　使用元件编辑模式编辑元件

3.1.4　直接复制元件

通过直接复制元件，可以用现有元件作为创建元件的起始点。如果要创建具有不同外观的各种版本的元件，可以通过直接复制元件快速实现这个目的。

1. 通过【库】面板直接复制元件

在【库】面板中选择元件，然后执行下列操作之一：

（1）在元件上单击右键，从快捷菜单中选择【直接复制】命令，打开【直接复制元件】对话框后设置元件属性，接着单击【确定】按钮，如图 3-10 所示。

图 3-10　通过【库】面板直接复制元件

（2）从【库】面板的快捷菜单中选择【直接复制】命令，打开【直接复制元件】对话框后设置元件属性，接着单击【确定】按钮。

2. 通过选择实例来直接复制元件

在舞台上选择一个元件的实例，然后选择【修改】|【元件】|【直接复制元件】命令，打开【直接复制元件】对话框后设置元件属性，接着单击【确定】按钮，如图 3-11 所示。

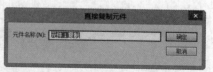

图 3-11　通过选择实例直接复制元件

3.1.5　创建与制作按钮元件

按钮元件可以认为是四帧的交互影片剪辑。在为元件选择按钮行为时，Flash 会创建一个包含 4 帧的时间轴，前三帧显示按钮的三种可能状态，第 4 帧定义按钮的活动区域，如图 3-12 所示。按钮元件的时间轴实际上并不自动播放，它只是对指针运动和动作作出反应，跳转到相应的帧。

按钮元件的时间轴上的每一帧都有一个特定的功能：

（1）第 1 帧是弹起状态：代表指针没有经过按钮时该按钮的状态。

（2）第 2 帧是指针经过状态：代表指针滑过按钮时该按钮的外观。

（3）第 3 帧是按下状态：代表单击按钮时该按钮的外观。

（4）第 4 帧是点击状态：定义响应鼠标单击的区域。此区域在 SWF 文件中是不可见的。

动手操作　制作一个登录按钮

1 打开光盘中的"...\Example\Ch03\3.1.5.fla"文件，选择【插入】|【新建元件】命令，打开【创建新元件】对话框后，设置元件名称和类型，再单击【确定】按钮，如图 3-12 所示。

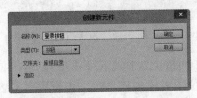

图 3-12　创建按钮元件

2 创建按钮元件后，打开【时间轴】面板并选择【弹起】状态帧，然后打开【库】面板并将【01.png】位图对象拖入舞台，如图 3-13 所示。

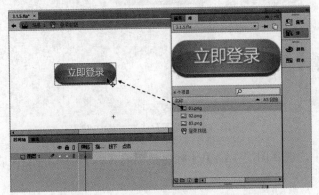

图 3-13　为【弹起】状态帧加入对象

3 选择舞台上的位图对象，打开【属性】面板，设置对象的 X、Y 位置均为 0，如图 3-14 所示。

图 3-14　设置位图对象的位置

4 在【时间轴】面板上选择【指针经过】状态帧，并按 F7 键插入空白关键帧，然后从【库】

面板中将【02.png】位图对象拖入舞台，再设置对象 X、Y 位置均为 0，如图 3-15 所示。

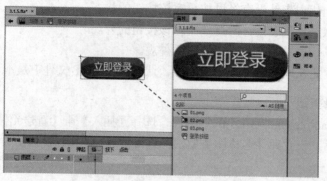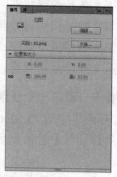

图 3-15 为【指针经过】状态帧添加对象

5 在【时间轴】面板上选择【按下】状态帧，并按 F7 键插入空白关键帧，然后从【库】面板中将【03.png】位图对象拖入舞台，再设置对象 X、Y 位置均为 0，如图 3-16 所示。

图 3-16 为【按下】状态帧添加对象

6 返回场景 1 中，选择图层 1 的第 1 帧，然后将【库】面板的【登录按钮】元件加入舞台，如图 3-17 所示。

图 3-17 将按钮元件加入舞台

7 按 Ctrl+Enter 键测试动画。默认按钮显示为黄色；当鼠标移到按钮上，即变成红色；按下鼠标按钮即变成绿色，如图 3-18 所示。

图 3-18　测试动画中的按钮效果

3.1.6　将舞台动画转换为影片剪辑

如果要在舞台上重复使用一个动画序列或将其作为一个实例操作,可以选择该动画序列并将其另存为影片剪辑元件。

动手操作　将海底动画转换为影片剪辑

1 打开光盘中的 "...\Example\Ch03\3.1.6.fla" 文件,在【时间轴】面板上选择舞台动画中需要的每一层中的每一帧, 如图 3-19 所示。

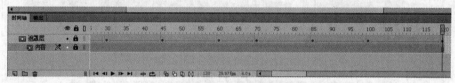

图 3-19　选择所有帧

2 执行下列操作之一复制帧:

(1) 在选中的帧上单击右键,然后从快捷菜单选择【复制帧】命令。如果要在将该序列转换为影片剪辑之后删除, 则选择【剪切】命令。

(2) 选择【编辑】|【时间轴】|【复制帧】命令,如图 3-20 所示。如果要在将该序列转换为影片剪辑之后删除, 则选择【剪切帧】命令。

3 取消选择所选内容并确保没有选中舞台上的任何内容,然后选择【插入】|【新建元件】命令。

4 为元件命名,再选择【影片剪辑】元件类型,然后单击【确定】按钮,如图 3-21 所示。

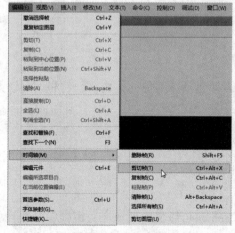

图 3-20　选择命令

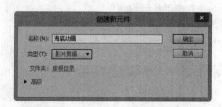

图 3-21　设置新元件名称和类型

5 在【时间轴】面板上选择图层 1 的第 1 帧，然后选择【编辑】|【时间轴】|【粘贴帧】命令，如图 3-22 所示。此操作将从主时间轴复制的帧（以及所有图层和图层名）都粘贴到该影片剪辑元件的时间轴上。所复制的帧中的所有动画、按钮或交互性现在已成为一个独立的动画（影片剪辑元件）。

6 在编辑栏上单击【Scene 1】按钮返回场景，然后在【时间轴】面板中新建图层 1，再将原有的两个遮罩图层拖到【删除】按钮 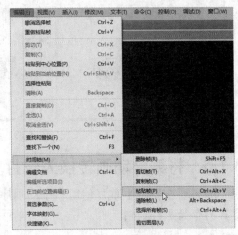上删除图层，如图 3-23 所示。

7 打开【库】面板，将【海底动画】影片剪辑元件加入到舞台下方，如图 3-24 所示。

图 3-22　粘贴帧到影片剪辑元件的图层上

  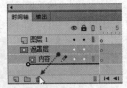

图 3-23　返回场景新建图层并删除原来的图层

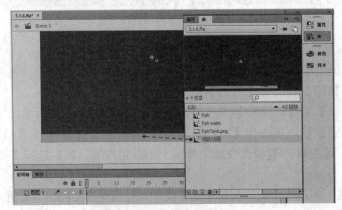

图 3-24　将影片剪辑元件加入舞台

3.2　创建与使用元件实例

创建元件之后，可以在 Flash 文件中的任何地方（包括在其他元件内）创建和使用该元件的实例。当修改元件时，Flash 会更新元件的所有实例。

3.2.1　创建实例

1. 创建元件实例

动手操作　创建元件实例

1 在【时间轴】面板上选择图层的关键帧。Flash 只可以将实例放在关键帧中，并且总在当前图层上。如果没有选择关键帧，Flash 将实例添加到当前帧左侧的第一个关键帧上。

2 选择【窗口】|【库】命令，打开【库】面板。

3 将需要创建实例的元件从【库】面板中拖到舞台上，在舞台上显示的就是该元件的实例，如图 3-25 所示。

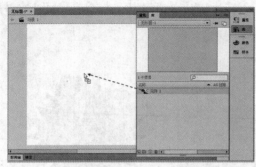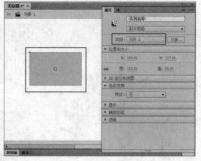

图 3-25 创建元件实例及其结果

4 如果已经创建了图形元件的实例，若要添加将包含该图形元件的帧数，可选择【插入】|【时间轴】|【帧】命令。

2. 设置元件实例的名称

选择舞台上的元件实例，打开【属性】面板，在【实例名称】文本框中输入名称并按下 Enter 键即可，如图 3-26 所示。

图 3-26 设置元件实例名称

3.2.2 编辑实例的属性

每个元件实例都各有独立于该元件的属性。可以更改实例的色调、透明度和亮度，重新定义实例的行为（例如，把图形更改为影片剪辑），并可以设置动画在图形实例内的播放形式，也可以倾斜、旋转或缩放实例，这并不会影响元件。

1. 更改实例的颜色和透明度

每个元件实例都可以有自己的色彩效果。在【属性】面板中可以设置实例的颜色和透明度选项。

问：对包含多帧的影片剪辑元件应用色彩效果会怎样？

答：如果对包含多帧的影片剪辑元件应用色彩效果，Flash 会将该效果应用于该影片剪辑元件中的每一帧。

在舞台上选择实例对象，打开【属性】面板，从【色彩效果】部分的【样式】菜单中选择下列选项之一：

- 亮度：调整对象的相对亮度或暗度，度量范围是从黑（–100%）到白（100%）。若要调整亮度，可以按住调整轴的三角形滑块并拖动，或者在框中输入一个值，如图 3-27 所示。

图 3-27　调整元件实例的亮度

- 色调：用相同的色相为实例着色。可以设置色调百分比，其范围为透明（0%）到完全饱和（100%）。如果要调整色调，可以单击三角形滑块并拖动，或者在框中输入一个值，如图 3-28 所示。如果要选择颜色，可以在各自的框中输入红色、绿色和蓝色的值，或者单击【颜色】控件，再从调色板选择一种颜色，如图 3-29 所示。

图 3-28　通过拖动滑块调整实例色相参数

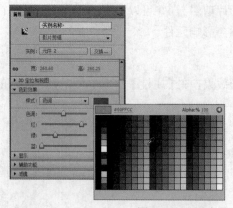

图 3-29　更改色调

● Alpha：调整实例的透明度，调整范围为透明（0%）到完全饱和（100%）。如果要调整 Alpha 值，可以拖动三角形滑块或者在框中输入一个值，如图 3-30 所示。

图 3-30　设置实例的透明度

● 高级：分别调整实例的红色、绿色、蓝色和透明度值。在该选项中，左侧的控件可以按指定的百分比降低颜色或透明度的值。右侧的控件可以按常数值降低或增大颜色或透明度的值。当前的红、绿、蓝和 Alpha 的值都乘以百分比值，然后加上右列中的常数值，产生新的颜色值。如图 3-31 所示为通过【高级】选项调整实例颜色的效果。

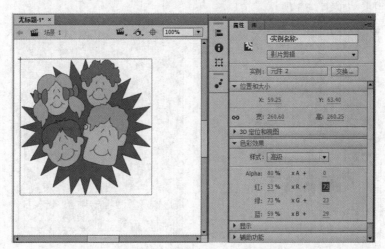

图 3-31　通过【高级】选项调整实例颜色的效果

2. 设置实例的可见性

通过设置【可见】属性可以在舞台上显示或不显示元件实例。与将元件的 Alpha 属性设置为 0 相比，使用【可见】属性可以提供更快的呈现性能。

　【可见】属性需要的 Flash 播放器为 10.2 或更高版本，并且仅与影片剪辑、按钮和组件实例兼容。

在舞台上选择实例对象，打开【属性】面板，再打开【显示】部分，选择或取消选择【可见】复选项即可设置实例的可见性，如图 3-32 所示。

图 3-32　设置元件实例的可见性

3. 更改实例的类型

可以通过更改实例类型，在 Flash 应用程序中重新定义实例的行为（例如，如果一个图形实例包含想要独立于主时间轴播放的动画，则可以将该图形实例重新定义为影片剪辑实例）。

在舞台上选择该实例，然后打开【属性】面板，在【实例行为】列表框中选择一种类型即可更改实例的类型，如图 3-33 所示。

图 3-33　更改实例的类型

4. 为图形实例设置循环

动画图形元件是与放置该元件的文件时间轴联系在一起的，因为动画图形元件使用的时间轴与主文件相同。相比之下，影片剪辑元件拥有自己独立的时间轴。通过设置【属性】面板中的循环选项，可以决定如何播放 Flash 应用程序中图形实例内的动画序列，如图 3-34 所示。

在舞台上选择图形实例，在【属性】面板的【循环】部分的【选项】列表框中选择下列其中一个动画选项即可为图形实例设置循环。

- 循环：按照当前实例占用的帧数循环包含在该实例内的所有动画序列。
- 播放一次：从指定帧开始播放动画序列直到动画结束，然后停止。
- 单帧：显示动画序列的一帧，指定要显示的帧。

在【第一帧】文本框中输入帧编号，可以指定循环时首先显示的图形元件的帧。

图 3-34　设置图形实例的循环选项

3.2.3　为实例交换元件

Flash CC 的【交换元件】功能允许给指定的一个实例或多个时间交换元件。处理舞台上的大量元件实例时，使用此功能可以实现元件的快速更换。

在舞台上选择该实例，然后打开【属性】面板，单击【交换】按钮，在打开的【交换元件】对话框中选择一个元件即可替换当前分配给实例的元件。

动手操作　交换多个实例的元件

1 打开光盘中的 "...\Example\Ch03\3.2.3.fla" 练习文件，在【时间轴】面板中选择第 1 帧，然后在舞台上同时选择【元件 1】和【元件 2】元件实例，如图 3-35 所示。

2 打开【属性】面板，再单击【交换】按钮，如图 3-36 所示。

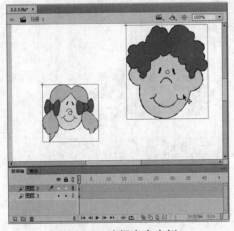

图 3-35　选择多个实例

图 3-36　单击【交换】按钮

3 打开【交换元件】对话框后，在列表框中选择【元件 3】影片剪辑元件并单击【确定】按钮，如图 3-37 所示。

4 返回场景中，可以看到舞台上的【元件 1】和【元件 2】实例的元件被更换成【元件 3】影片剪辑元件，如图 3-38 所示。

图 3-37　选择要作为交换的元件

图 3-38　交换元件后的实例效果

如果从一个【库】面板中将与待替换元件同名的元件拖到正编辑的 Flash 文件的【库】面板中，然后在弹出的对话框中单击【替换】按钮，可以将当前文件中同名的元件替换成拖进【库】面板的元件。

3.2.4　分离元件实例

可通过"分离"的方法以断开一个实例与一个元件之间的链接，并将该实例放入未组合形状和线条的集合中，分离元件实例的功能，对于实质性更改实例而不影响任何其他实例非常有用。

在舞台上选择元件实例，然后选择【修改】|【分离】命令，或按 Ctrl+B 快捷键即可分离元件实例，如图 3-39 所示。

图 3-39　分离元件实例

问：分离元件实例和取消元件实例组合对象是一样的吗？

答：分离元件实例和取消元件实例组合对象是不同的概念。取消元件实例组合对象是将组合的元件实例分开，使对象返回到组合之前的状态，此时对象可能为分离状态（形状），也可能为组合状态（组）。而分离元件实例是指将元件实例分散为可单独编辑的元素，分离后对象的任意部分都可以单独进行编辑。

3.3 变形与组合对象

创作动画时，经常需要对不同的对象进行各种变形处理，如缩放、变形、旋转、组合等，以便可以符合动画制作要求。

3.3.1 任意变形对象

在选择对象后，执行【修改】|【变形】|【任意变形】命令，或者使用【任意变形工具】可以对选定的对象执行任意变形。

当对象应用变形后，选定的对象周围将出现变形控制框。当在所选对象的变形框上移动指针时，鼠标指针会发生变化，以指明可以进行哪种变形操作，如图 3-40 所示。

图 3-40　任意变形对象

执行任意变形时鼠标指针处于不同位置显示的作用说明如下：

- ✛：移动对象。当指针放在变形框内的对象上时，即出现✛图标，此时可以将该对象拖到新位置。
- ▶。：设置旋转或缩放的中心。当指针放在变形框的中心点时，即出现▶。图标，此时可以将变形点拖到新位置，如图 3-41 所示。
- ↻：旋转所选的对象。当指针放在变形框的角手柄的外侧时，即出现↻图标，此时拖动鼠标，即可使对象围绕变形点旋转，如图 3-42 所示。若按住 Shift 键并拖动可以以 45°为增量进行旋转；按住 Alt 键并拖动可以围绕对角旋转。
- ↘：缩放所选对象。当指针放在变形框的角手柄上时，即出现↘图标，此时沿对角方向拖动角手柄，即可沿着两个方向缩放尺寸，如图 3-43 所示。按住 Shift 键拖动，可以按比例调整大小。水平或垂直拖动角手柄或边手柄，可以沿各自的方向进行缩放。
- ⇥：倾斜所选对象。当指针放在变形框的轮廓上时，即出现 ⇥ 图标，此时拖动鼠标，即可倾斜对象，如图 3-44 所示。

图 3-41　设置旋转或缩放中心　　图 3-42　旋转对象　　图 3-43　缩放对象　　图 3-44　倾斜对象

使用【任意变形工具】选择对象后，可以通过【工具】面板下方的变形选项设置变形的类型。这些工具选项说明如下：

- 旋转与倾斜：设置只限于对对象进行旋转与倾斜变形。
- 缩放：设置只限于对对象进行缩放处理。
- 扭曲：设置只限于对对象进行扭曲变形处理。只对图形可用。
- 封套：设置只限于对对象进行封套变形处理。只对图形可用。

3.3.2　缩放对象

可以沿水平方向、垂直方向或同时沿两个方向放大或缩小实例。

1. 通过变形框缩放对象

先选择需要缩放的对象，然后在【工具】面板中选择【任意变形工具】 ，并按下【缩放】按钮 ，或者选择【修改】|【变形】|【缩放】命令，当对象出现变形框后，即可通过以下操作缩放对象：

（1）要沿水平和垂直方向缩放对象，可以拖动某个角手柄，使用这种方法缩放时长宽比例保持不变，如图 3-45 所示。若需要进行长宽比例不一致的缩放，可以按住 Shift 键后拖动角手柄。

（2）要沿水平或垂直方向缩放对象，可以拖动中心手柄，如图 3-46 所示。

图 3-45　沿水平和垂直方向缩放对象　　　　图 3-46　沿水平或垂直方向缩放对象

2. 通过【变形】面板缩放对象

除了使用【任意变形工具】 缩放对象外，还可以通过【变形】面板缩放对象。首先选择对象，然后选择【窗口】|【变形】命令（或者按 Ctrl+T 键），打开【变形】面板后，设置宽高的比例即可。例如，设置宽高比例为 50%，可以将对象沿水平和垂直方向缩小 1 倍，如图 3-47 所示。

图 3-47　通过【变形】面板缩放对象

【变形】面板中的项目说明如下：

● 缩放宽度/缩放高度：设置对象宽度和高度的缩放比例，默认为100%。

● 约束❧：选择此项，可以锁定宽高缩放的比例，即缩放时长宽比例保持不变。

● 重置🔄：恢复对象宽度和高度的比例为100%。

● 旋转：选择此项，可以在【旋转】文本框内输入旋转对象的度数，以旋转对象。

● 倾斜：选择此项，可以在【水平倾斜】和【垂直倾斜】文本框内输入倾斜度数，以倾斜对象。

● 3D旋转/3D中心点：设置3D旋转变形和变形中心点位置。

● 重制选区和变形🔲：复制当前选择的对象，并将设置的变形选项应用到复制后的对象上。

● 取消变形🔄：恢复变形选项为默认设置。

3.3.3　旋转对象

旋转对象会使该对象围绕其变形点旋转。变形点默认位于对象的中心，可以通过拖动移动该点。

旋转对象的方法如下：

（1）任意旋转：使用【任意变形工具】可以对对象进行任意旋转的操作。

（2）以90°旋转对象：以90°旋转对象分为顺时针旋转和逆时针旋转两种操作。分别选择【修改】|【变形】|【顺时针旋转90°】命令或【修改】|【变形】|【逆时针旋转90°】命令，即可以90°旋转对象。

（3）设置旋转角度：选择需要旋转的对象，然后在【变形】面板中选择【旋转】单选项，接着在其后的文本框中输入角度值。其中输入0～360°为顺时针旋转，输入−1～−360°为逆时针旋转。

旋转对象时按住Shift键，对象将以45°角为增量进行旋转。按住Alt键拖动可以使对象围绕角变形点旋转。

● 顺时针旋转90°的快捷键为：Ctrl+Shift+9。

● 逆时针旋转90°的快捷键为：Ctrl+Shift+7。

🔘 **动手操作　通过复制和旋转制作蝙蝠群**

1 打开光盘中的"...\Example\Ch03\3.3.3.fla"文件，选择舞台上的【蝙蝠】图形元件再通过复制和粘贴的方法，创建出另一个图形元件实例，如图3-48所示。

2 在【工具】面板中选择【任意变形工具】，然后选择新的元件实例，并将鼠标指针移到变形框右上角，当出现↺图示后按住鼠标向右下方拖动，顺时针旋转对象，如图3-49所示。

图3-48　创建出新的图形元件实例　　　　图3-49　旋转实例对象

3 将鼠标移动到变形框其中一个角手柄上，然后拖动鼠标缩小实例对象，如图 3-50 所示。

4 选择舞台上最大的实例对象，然后通过复制和粘贴的方法，再次创建出一个图形元件实例，接着选择该实例对象并选择【修改】|【变形】|【顺时针旋转 90°】命令，如图 3-51 所示。

图 3-50　缩小实例对象

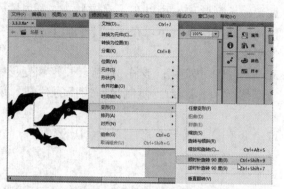

图 3-51　再次创建实例并顺时针旋转 90°

5 选择步骤 4 创建的实例对象，打开【变形】面板，在其中设置宽高的比例为 40%，如图 3-52 所示。

6 使用上述步骤的方法，创建多个实例对象并进行旋转和缩放处理，最后适当调整实例对象的位置，制作完成蝙蝠群的画面效果，如图 3-53 所示。

图 3-52　设置实例的宽高比例

图 3-53　制作蝙蝠群的效果

3.3.4　倾斜对象

可以通过沿一个或两个轴倾斜对象使对象变形。可以通过拖动变形框来倾斜对象，也可以在【变形】面板中输入数值来倾斜对象。

倾斜对象的方法如下：

（1）通过拖动变形框倾斜对象：使用【任意变形工具】，或通过【修改】|【变形】|【旋转与倾斜】命令对对象进行任意旋转的操作。

（2）设置倾斜角度：选择需要旋转的对象，然后在【变形】面板中选择【倾斜】单选项，接着在其后的文本框中输入角度值，如图 3-54 所示。其中，输入 0～360° 为顺时针倾斜，输入 -1～-360° 为逆时针倾斜。

图 3-54　倾斜对象

3.3.5 翻转对象

翻转对象是指沿垂直或水平轴翻转对象而不改变其在舞台上的相对位置的操作。

翻转对象的方法如下：

（1）水平翻转对象：选择对象，再选择【修改】|【变形】|【水平翻转】命令，效果如图 3-55 所示。

（2）垂直翻转对象：选择对象，再选择【修改】|【变形】|【垂直翻转】命令，效果如图 3-56 所示。

图 3-55　水平反转对象

图 3-56　垂直翻转对象

3.4　组合对象

通过组合对象可以将多个元素作为一个对象来处理。例如，在创建了一幅绘画后，可以将该绘画的元素合成一组，这样就可以将该绘画当成一个整体来选择和移动。

组合对象后，可以对组进行编辑而不必取消其组合，还可以在组中选择单个对象进行编辑，不必取消对象组合。

3.4.1 组合对象与取消组合

选择要组合的对象（可以选择形状、其他组、元件、文本等），然后按需要执行以下操作：

● 选择【修改】|【组合】命令，或者按 Ctrl+G 键可以组合对象，如图 3-57 所示。

● 选择【修改】|【取消组合】命令，或者按 Ctrl+Shift+G 键可以取消对象的组合。

图 3-57　组合对象

3.4.2 编辑组或组中的对象

编辑组或组中的对象的方法如下：

（1）选择要编辑的组，然后选择【编辑】|【编辑所选项目】命令，或使用【选择工具】双击该组。页面上不属于该组的部分都将变暗，表明不属于该组的元素是不可访问的，如图 3-58 所示。

图 3-58　编辑选中的组

（2）编辑该组中的任意元素。

（3）选择【编辑】|【全部编辑】命令，或使用【选择工具】双击舞台上的空白处。Flash 将组作为单个实体复原其状态，此时即可处理舞台中的其他元素。

3.5　技能训练

下面通过多个上机练习实例，巩固所学知识。

3.5.1　上机练习 1：使用位图制作骑马舞动画

本例将多个有骑马舞画面的位图导入 Flash 文件，然后将位图加入到新建的影片剪辑中，接着使用影片剪辑实例制作出骑马舞动画。

操作步骤

1 启动 Flash CC 应用程序，在【欢迎屏幕】窗口上单击【ActionScript 3.0】按钮，新建 Flash 文件，如图 3-59 所示。

图 3-59　新建 Flash 文件

2 选择【插入】|【新建元件】命令，打开【创建新元件】对话框后设置元件名称为【动画】、类型为【影片剪辑】，然后单击【确定】按钮，如图3-60所示。

图3-60　新建影片剪辑元件

3 选择【文件】|【导入】|【导入舞台】命令，打开【导入】对话框后，选择光盘中的"...\Example\Ch03\骑马舞.jpg"图像文件，然后单击【打开】按钮，将图像导入到新元件内，如图3-61所示。

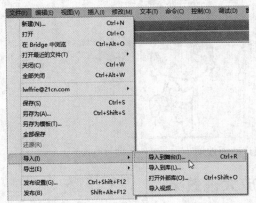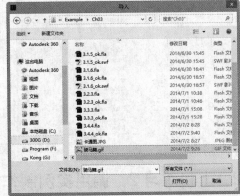

图3-61　导入图像文件

4 在编辑栏上单击【场景 1】按钮返回场景中，选择图层1的第1帧，再打开【库】面板，将【动画】影片剪辑元件拖入舞台，如图3-62所示。

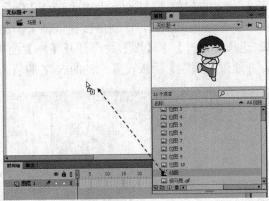

图3-62　将影片剪辑元件加入舞台

5 选择舞台的【动画】元件实例，打开【属性】面板并设置X和Y的位置均为0，然后在舞台空白处单击取消选择实例，再次打开【属性】面板，设置FPS（帧频）为12，舞台的大小为300×300像素，如图3-63所示。

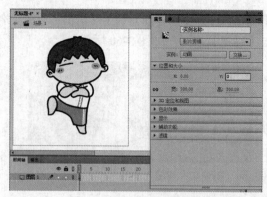

图 3-63　设置实例的位置和文件属性

6 选择【控制】|【测试】命令，然后通过播放器窗口查看动画播放效果，如图 3-64 所示。

图 3-64　测试动画效果

3.5.2　上机练习 2：调用实例制作放大镜效果

本例先将影片剪辑元件加入舞台以创建元件实例，然后为实例设置名称，以便通过
ActionScript 脚本代码调用元件实例，制作出放大镜的效果。

操作步骤

1 打开光盘中的 "...\Example\Ch03\3.5.2.fla" 练习文件，然后在【时间轴】面板上选择
【pic small】图层的第 1 帧，以便后续在该帧上添加元件实例。

2 选择【窗口】|【库】命令打开【库】面板，然后将【pic_small】影片剪辑元件拖到
舞台，并通过【属性】面板设置元件的 X/Y 的值为 0，如图 3-65 所示。

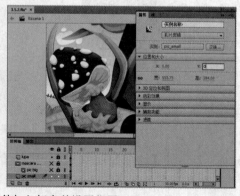

图 3-65　将影片剪辑元件加入舞台并设置位置

3 选择舞台上的【pic_small】元件实例，然后打开【属性】面板，在【实例名称】文本框中输入实例名称【mapaSmall】，如图 3-66 所示。

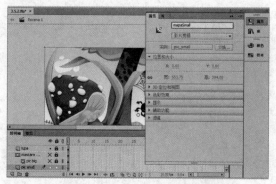

图 3-66　为元件实例设置名称

4 按 Ctrl+Enter 键打开播放器查看动画加入元件实例并设置名称的效果，如图 3-67 所示。

图 3-67　通过播放器查看效果

问：为元件实例设置名称的作用是什么？

答：实例名称的作用是在 ActionScript 中使用该名称来引用或指定实例。

3.5.3　上机练习 3：制作颜色变化的按钮实例

本例将先创建一个按钮元件，在【弹起】状态帧上绘制一个矩形对象，然后分别在【指针经过】状态帧和【按下】状态帧上插入关键帧，并修改关键帧中矩形的颜色，接着输入按钮文本，最后将按钮加入舞台创建出按钮元件实例。

操作步骤

1 打开光盘中的 "...\Example\Ch03\3.5.3.fla" 练习文件，选择【插入】|【新建元件】命令，在【创建新元件】对话框中设置元件名称和类型，再单击【确定】按钮，如图 3-68 所示。

图 3-68　创建按钮元件

2 在【工具】面板中选择【矩形工具】 并按下【对象绘制】按钮 ，然后打开【属性】面板，设置笔触颜色为【无】、填充颜色为【#CCCC33】，在工作区上绘制一个矩形对象，如图 3-69 所示。

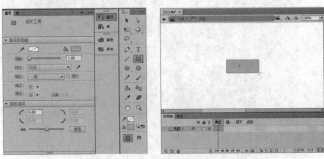

图 3-69 绘制一个矩形对象

3 选择图层 1 的【指针经过】状态帧并按 F6 键插入关键帧，然后选择矩形对象并通过【颜色】面板修改填充颜色为【#FFCC00】，如图 3-70 所示。

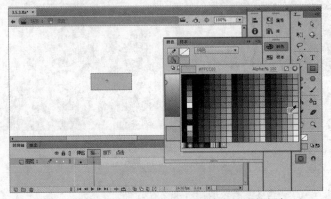

图 3-70 设置【指针经过】状态帧中矩形的颜色

4 选择图层 1 的【按下】状态帧并按 F6 键插入关键帧，然后选择矩形对象并通过【颜色】面板修改填充颜色为【#CC3300】，如图 3-71 所示。

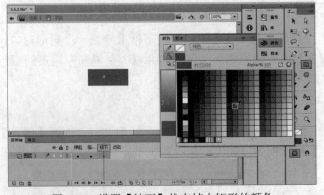

图 3-71 设置【按下】状态帧中矩形的颜色

5 在【时间轴】面板中单击【新建图层】按钮 ，新建图层 2 后选择该图层第 1 帧，然后在【工具】面板中选择【文本工具】 ，再打开【属性】面板设置文本的属性，接着在矩形上输入按钮文本，如图 3-72 所示。

图 3-72　新建图层并输入按钮文本

6 返回场景中，在【时间轴】面板上单击【新建图层】按钮，新建图层 2 后选择该图层的第 1 帧，再从【库】面板中加入【录音】按钮元件，如图 3-73 所示。

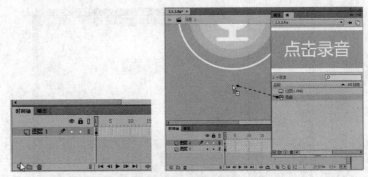

图 3-73　新建图层并创建按钮元件实例

7 按 Ctrl+Enter 键打开 Flash 播放器查看动画按钮效果。将鼠标移到按钮上，按钮将变成黄色；当按下按钮时，则变成红色，如图 3-74 所示。

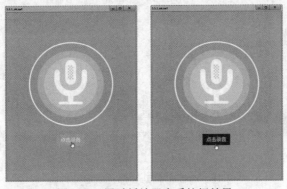

图 3-74　通过播放器查看按钮效果

3.5.4　上机练习 4：制作包含动画的按钮实例

本例先创建一个影片剪辑元件，并通过复制和粘贴的方式加入原有按钮元件的矩形对象，然后通过创建补间形状动画创建出矩形扩大并变透明的动画，接着将包含此动画的影片剪辑加入按钮的【指针经过】状态帧，制作出包含动画的按钮实例。

操作步骤

1 打开光盘中的"...\Example\Ch03\3.5.4.fla"练习文件，选择【插入】|【新建元件】命令，在对话框中设置元件名称和类型，再单击【确定】按钮，如图 3-75 所示。

图 3-75　创建影片剪辑元件

2 打开【库】面板，选择【录音】按钮元件并单击右键，从弹出的快捷菜单中选择【编辑】按钮，打开按钮元件编辑窗口后，选择图层 1 的【指针经过】状态帧，再选择该帧的矩形对象并按 Ctrl+C 键复制对象，如图 3-76 所示。

图 3-76　通过编辑按钮元件复制到矩形对象

3 在编辑栏中单击【编辑元件】按钮，选择【图形动画】选项，切换到【图形动画】影片剪辑窗口，然后按 Ctrl+V 键粘贴矩形对象，如图 3-77 所示。

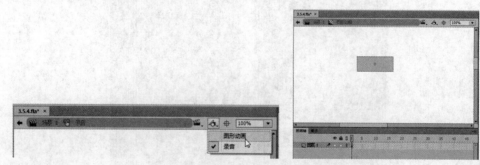

图 3-77　将矩形粘贴到影片剪辑元件内

4 选择图层 1 的第 10 帧，按 F6 键插入关键帧，在【工具】面板中选择【任意变形工具】，按住变形框右下角的角点并按住 Shift 键等比例扩大矩形对象，如图 3-78 所示。

5 选择矩形对象，再打开【颜色】面板，设置矩形对象的 Alpha 为 0%（即完全透明），如图 3-79 所示。

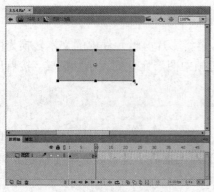

图 3-78 插入关键帧并扩大矩形

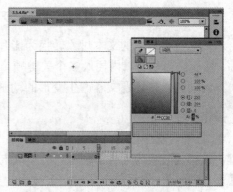

图 3-79 设置矩形完全透明

6 选择图层 1 的第 1 帧，再选择【插入】|【补间形状】命令，为图层创建补间形状动画，如图 3-80 所示。

7 在【库】面板中双击【录音】按钮打开编辑窗口，选择图层 1 的【指针经过】状态帧，然后将【图形动画】影片剪辑加入工作区，并完全覆盖【指针经过】状态帧中原有的矩形对象，如图 3-81 所示。

图 3-80 创建补间形状动画

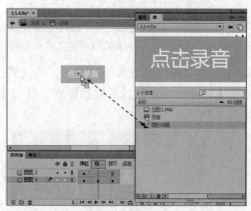

图 3-81 在元件编辑窗口中加入影片剪辑

8 按 Ctrl+Enter 键打开 Flash 播放器查看动画按钮效果。将鼠标移到按钮上，按钮将出现矩形扩大并变成透明的动画，如图 3-82 所示。

图 3-82 通过播放器测试按钮效果

3.5.5 上机练习 5：制作动态变形的横幅标题

本例先将舞台上的文本对象转换为影片剪辑元件，再将影片剪辑元件内的文本转换为图形元件，然后在影片剪辑内插入多个关键帧，并调整关键帧中图形元件的大小和旋转，接着创建传统补间动画，使标题文本产生变形的动画效果。

操作步骤

1 打开光盘中的"...\Example\Ch03\3.5.5.fla"练习文件，选择舞台上的文本对象并单击右键，选择【转换为元件】命令，打开【转换为元件】对话框后，设置名称为【标题】、类型为【影片剪辑】，然后单击【确定】按钮，如图 3-83 所示。

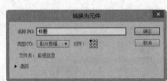

图 3-83　将文本对象转换为影片剪辑元件

2 双击影片剪辑元件进入编辑窗口，再选择文本对象并单击右键，选择【转换为元件】命令，打开【转换为元件】对话框后设置名称为【文本】、类型为【图形】，然后单击【确定】按钮，如图 3-84 所示。

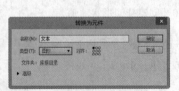

图 3-84　将影片剪辑内的文本转换为图形元件

3 在影片剪辑元件编辑窗口中，分别选择图层 1 的第 30 帧、60 帧和 90 帧，并按 F6 键插入关键帧，如图 3-85 所示。

图 3-85　插入关键帧

4 选择图层 1 第 30 帧，再选择【任意变形工具】█，然后选择图形元件实例，并按住 Shift 键向外拖动变形框的角点，等比例扩大实例，如图 3-86 示。

图 3-86　等比例扩大第 30 帧的元件实例

5 选择图层 1 第 60 帧，使用【任意变形工具】按照顺时针旋转实例，使之有翻转的效果，如图 3-87 所示。

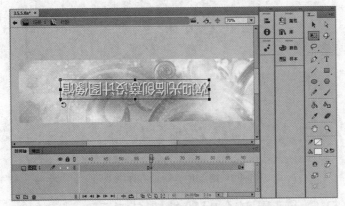

图 3-87　按照顺时针旋转第 60 帧的元件实例

6 选择图层 1 的第 90 帧，再次使用【任意变形工具】等比例扩大图形元件实例，如图 3-88 所示。

图 3-88　等比例扩大第 90 帧的元件实例

7 选择图层 1 的所有帧，再选择【插入】|【传统补间】命令，创建传统补间动画，如图 3-89 所示。

图 3-89　创建传统补间动画

8 按 Ctrl+Enter 键打开 Flash 播放器，查看动画中的标题效果画，如图 3-90 所示。

图 3-90　通过播放器查看标题效果

3.5.6　上机练习 6：风景各个时段的变色动画

本例先将舞台上的位图对象转换为图形元件，然后分别插入多个关键帧，在通过【属性】面板设置各个关键帧中图形元件实例的色彩效果，接着创建传统补间动画，制作出风景图像在全日各个时段色彩变化的动画。

操作步骤

1 打开光盘中的 "...\Example\Ch03\3.5.6.fla" 练习文件，选择舞台上的位图对象，再单击右键并选择【转换为元件】命令，打开【转换为元件】对话框后设置名称和类型，然后单击【确定】按钮，如图 3-91 所示。

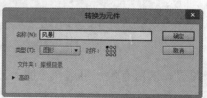

图 3-91　将位图转换为图形元件

2 在时间轴图层 1 的第 30 帧上插入关键帧，选择该关键帧中的图形元件实例，打开【属性】面板并设置样式为【色调】，然后通过调色板设置颜色为【#A00000】，再设置各项参数，使风景图产生黄昏的色彩效果，如图 3-92 所示。

图 3-92　插入关键帧并设置实例黄昏的色彩

3 在图层 1 的第 60 帧上插入关键帧，再次选择元件实例并打开【属性】面板，更改色调的颜色为【#FF8264】，再适当调整各项参数，使风景图产生早晨的色彩效果，如图 3-93 所示。

图 3-93　插入关键帧并设置实例早晨的色彩

4 在图层 1 的第 90 帧上插入关键帧，选择元件实例并打开【属性】面板，设置色彩样式为【高级】，再设置各项的参数，使风景图产生傍晚的色彩效果，如图 3-94 所示。

图 3-94　插入关键帧并设置实例傍晚的色彩

5 选择图层 1 的所有帧，再选择【插入】|【传统补间】命令，创建传统补间动画，如图 3-95 所示。

图 3-95　创建传统补间动画

6 按 Ctrl+Enter 键打开 Flash 播放器，查看动画中的风景图的色彩变化效果，如图 3-96 所示。

图 3-96　通过播放器查看风景图色彩变化效果

3.6　评测习题

一、填充题

（1）_____是指在 Flash 创作环境中或使用 SimpleButton（AS 3.0）和 MovieClip 类一次性创建的图形、按钮或影片剪辑。

（2）_____是指位于舞台上或嵌套在另一个元件内的元件副本。

（3）按钮元件在时间轴图层上默认包含_____、指针经过、按下、点击四个状态帧。

（4）_____的作用是在 ActionScript 中使用该名称来引用实例。

二、选择题

（1）按下什么快捷键，可以打开【创建新元件】对话框？　　　　　　　　　　（　　）

　　A．Ctrl+F1　　　　B．Ctrl+F8　　　　C．Ctrl+F9　　　　D．Shift+F8

（2）旋转对象时按住什么键，对象将以 45°角为增量进行旋转？　　　　　　　（　　）

　　A．F1　　　　　　B．Ctrl　　　　　　C．Alt　　　　　　D．Shift

（3）顺时针旋转 90°的快捷键是什么？　　　　　　　　　　　　　　（　　）

    A．Ctrl+Shift+9　　　　　　　　　　B．Ctrl+Shift+7

    C．Ctrl+Shift+8　　　　　　　　　　D．Ctrl+Shift+6

（4）使用【任意变形工具】变形元件时，当鼠标指针变成 ↷ 图示，则代表可以对元件进行什么变形处理？　　　　　　　　　　　　　　　　　　　　　　　　　　　（　　）

    A．倾斜　　　　　　B．缩放　　　　　　C．旋转　　　　　　D．翻转

三、判断题

（1）每个元件实例都各有独立于该元件的属性，在更改实例的色调、透明度和亮度后，不会影响该实例的元件。　　　　　　　　　　　　　　　　　　　　　　　　　　（　　）

（2）Flash CC 的【交换元件】功能只能给指定的一个实例交换元件。　　（　　）

四、操作题

将舞台上关键帧的元件实例进行交换处理，然后适当修改关键帧中实例的色彩效果，结果如图 3-97 所示。

操作提示

（1）打开光盘中的"...\Example\Ch03\3.6.fla"练习文件，选择图层 1 第 1 帧，再选择舞台上的实例。

（2）打开【属性】面板，单击【交换】按钮，然后从打开的【交换元件】对话框中选择【位图 2】图形元件并单击【确定】按钮。

（3）选择图层 1 的第 80 帧，使用步骤 2 的方法，将舞台上的实例交换成【位图 2】图形元件。

（4）继续选择图层 1 的第 80 帧，打开【属性】面板，更改色调的颜色为【#32FFFF】，再设置如图 3-98 所示的参数。

图 3-97　操作题的结果

图 3-98　设置实例的色彩效果

第 4 章　设计各种补间动画

学习目标

Flash CC 提供了多种创建动画的方法，如创建补间动画、传统补间和补间形状等。本章将详细介绍在 Flash CC 中使用不同的动画类型功能创建动画的方法。

学习重点

☑ Flash 支持的各种动画类型
☑ 补间动画的理论基础和应用方法
☑ 传统补间的理论基础和应用方法
☑ 补间形状的理论基础和应用方法

4.1　动画类型

Flash CC 支持的动画类型包括补间动画、传统补间和补间形状。

1. 补间动画

使用补间动画可设置对象的属性，如一个帧中的另一个帧的位置和 Alpha 透明度。对于由对象的连续运动或变形构成的动画，补间动画很有用。补间动画在时间轴中显示为连续的帧范围，默认情况下可以作为单个对象进行选择。补间动画功能强大，易于创建。

2. 传统补间

传统补间与补间动画类似，但是创建起来更复杂。传统补间允许一些特定的动画效果，使用基于范围的补间不能实现这些效果。

3. 补间形状

在补间形状中，可以在时间轴中的特定帧绘制一个形状，然后更改该形状或在另一个特定帧中绘制另一个形状。Flash 将内插中间的帧的中间形状，可以创建一个形状并变形为另一个形状的动画。

4.2　关于补间动画

补间动画是通过为一个帧中的对象属性指定一个值，并为另一个帧中的相同属性指定另一个值创建的动画。Flash 会计算这两个帧之间该属性的值，从而在两个帧之间插入补间属性帧。

例如，将舞台左侧的一个元件放在第 1 帧中，然后将其移至舞台右侧的第 20 帧中。当创建补间时，Flash 将计算影片剪辑在此中间的所有位置，结果将得到从左到右（即从第 1 帧移至第 20 帧）的元件动画，如图 4-1 所示。在中间的每个帧中，Flash 将影片剪辑在舞台上移动二十分之一的距离。

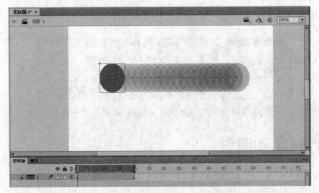

图 4-1　元件从舞台左侧移到右侧的补间动画

　　补间动画是一种在最大程度地减小文件大小的同时创建随时间移动和变化的动画的有效方法。在补间动画中，只有指定的属性关键帧的值存储在 Flash 文件和发布的 SWF 文件中。

　　术语"补间"（tween）来源于词"中间"（in-between）。

4.2.1　补间范围

　　补间范围在时间轴中显示为具有蓝色背景的单个图层中的一组帧，其中的某个对象具有一个或多个随时间变化的属性。可以将这些补间范围作为单个对象进行选择，并从时间轴中的一个位置拖到另一个位置，也可以拖到另一个图层，如图 4-2 所示。在每个补间范围中，只能对舞台上的一个对象进行动画处理，此对象称为补间范围的目标对象。

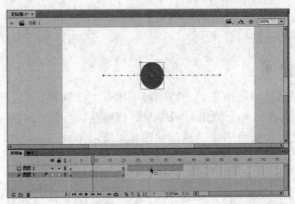

图 4-2　移动时间轴中的补间范围

4.2.2　属性关键帧

　　属性关键帧是指在补间范围中为补间目标对象显示定义一个或多个属性值的帧。用户定义的每个属性都有它自己的属性关键帧。如果在单个帧中设置了多个属性，则其中每个属性的属性关键帧会驻留在该帧中。另外，用可以在动画编辑器中查看补间范围的每个属性及其属性关键帧。

　　在 Flash CC 中，"关键帧"是指时间轴中其元件实例首次出现在舞台上的帧；"属性关键帧"是指在补间动画的特定时间或帧中定义的属性值。如图 4-3 所示为"关键帧"（黑色圆点）

和"属性关键帧"（黑色菱形）。

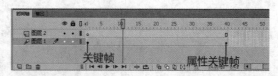

图 4-3　补间动画中的关键帧和属性关键帧

4.2.3　可补间的对象和属性

在 Flash CC 中，可补间的对象类型包括影片剪辑、图形和按钮元件以及文本字段。可补间的对象的属性包括以下项目：

（1）平面空间的 X 和 Y 位置。

（2）三维空间的 Z 位置（仅限影片剪辑）。

（3）平面控制的旋转（绕 Z 轴）。

（4）三维空间的 X、Y 和 Z 旋转（仅限影片剪辑）。

（5）三维空间的动画要求 Flash 文件在发布设置中面向 ActionScript 3.0 和 Flash Player 10 的属性。

（6）倾斜的 X 和 Y。

（7）缩放的 X 和 Y。

（8）颜色效果。颜色效果包括 Alpha（透明度）、亮度、色调和高级颜色设置（只能在元件上补间颜色效果。如果要在文本上补间颜色效果，需要将文本转换为元件）。

（9）滤镜属性（不包括应用于图形元件的滤镜）。

4.3　关于传统补间

传统补间与补间动画类似，但是创建起来更复杂。传统补间允许一些特定的动画效果，使用基于范围的补间不能实现这些效果。

4.3.1　了解传统补间

从原理上来说，传统补间是指在一个特定时间定义一个实例、组、文本块、元件的位置、大小和旋转等属性，然后在另一个特定时间更改这些属性。当两个时间进行交换时，属性之间就会随着补间帧进行过渡，从而形成动画，如图 4-4 所示。

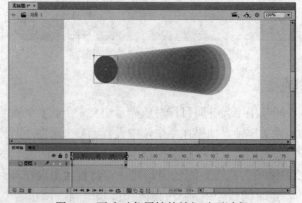

图 4-4　更改对象属性的补间动画过程

传统补间可以实现两个对象之间的大小、位置、颜色（包括亮度、色调、透明度）变化。这种动画可以使用实例、元件、文本、组合和位图作为动画补间的元素，形状对象只有"组合"后才能应用到补间动画中。

4.3.2 传统补间的属性设置

在制作传统补间动画时，只需在【时间轴】面板上添加开始关键帧和结束关键帧，然后通过舞台更改关键帧的对象属性，包括大小、位置、颜色（包括亮度、色调、透明度）的变化，接着创建传统补间即可，如图 4-5 所示。

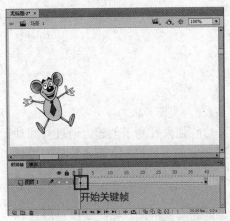

图 4-5　设置关键帧对象的属性以实现创建传统补间

为开始关键帧和结束关键帧之间创建传统补间后，可以通过【属性】面板设置传统补间的选项，例如缩放、旋转、缓动等，如图 4-6 所示。

传统补间的属性设置项目说明如下：

● 缓动：设置动画类似于运动缓冲的效果。可以使用【缓动】文本框输入缓动值或拖动滑块设置缓动值。缓动值大于 0，则运动速度逐渐减小；缓动值小于 0，则运动速度逐渐增大。

● 【编辑缓动】按钮 ：提供用户自定义缓动样式。单击此按钮打开【自定义缓入/缓出】对话框，如图 4-7 所示。该对话框中直线的斜率表示缓动程度，可以使用鼠标拖动直线，改变缓动值。

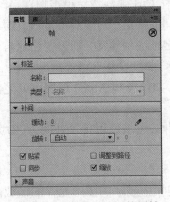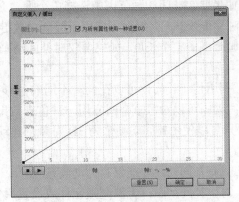

图 4-6　设置传统补间的属性　　　　　　图 4-7　编辑缓动

● 旋转：可以设置关键帧中的对象在运动过程中是否旋转、怎么旋转，包括【无】、【自动】、【顺时针】、【逆时针】4 个选项。在使用【顺时针】和【逆时针】样式后，会激活一个【旋转数】文本框，可以在该文本框中输入对象在传统补间动画包含的所有帧中旋转的次数。
  ➤ 【无】：对象在【传统补间】动画包含的所有帧中不旋转。
  ➤ 【自动】：对象在【传统补间】动画包含的所有帧中自动旋转，旋转次数也自动产生。
  ➤ 【顺时针】：对象在【传统补间】动画包含的所有帧中沿着顺时针方向旋转。
  ➤ 【逆时针】：对象在【传统补间】动画包含的所有帧中沿着逆时针方向旋转。
● 调整到路径：将靠近路径的对象移到路径上。
● 同步：同步处理元件。
● 贴紧：使对象贴紧到辅助线上。
● 缩放：可以对对象应用缩放属性。

4.3.3　补间动画和传统补间的差异

补间动画是从 Flash CS4 版本开始引入的，其功能强大且易于创建。通过补间动画可以对补间的动画进行最大程度的控制。补间动画提供了更多的补间控制，而传统补间提供了一些用户可能希望使用的某些特定功能。

补间动画和传统补间之间的差异如下：

（1）传统补间使用关键帧。关键帧是显示对象的新实例的帧。补间动画只能具有一个与之关联的对象实例，并使用属性关键帧而不是关键帧。

（2）补间动画在整个补间范围上由一个目标对象组成。

（3）补间动画和传统补间都只允许对特定类型的对象进行补间。如果应用补间动画，则在创建补间时会将所有不允许的对象类型转换为影片剪辑，而应用传统补间会将这些对象类型转换为图形元件。

（4）补间动画会将文本视为可补间的类型，而不会将文本对象转换为影片剪辑。传统补间会将文本对象转换为图形元件。

（5）在补间动画范围上不允许帧脚本。传统补间则允许帧脚本。

（6）补间目标上的任何对象脚本都无法在补间动画范围的过程中更改。

（7）用户可以在时间轴中对补间动画范围进行拉伸和调整大小，并将它们视为单个对象。

（8）如果要在补间动画范围中选择单个帧，必须按住 Ctrl 键，然后单击帧。

（9）对于传统补间，缓动可应用于补间内关键帧之间的帧组。对于补间动画，缓动可应用于补间动画范围的整个长度。如果要仅对补间动画的特定帧应用缓动，则需要创建自定义缓动曲线。

（10）利用传统补间，可以在两种不同的色彩效果（如色调和 Alpha 透明度）之间创建动画。而补间动画可以对每个补间应用一种色彩效果。

（11）只可以使用补间动画来为 3D 对象创建动画效果，无法使用传统补间为 3D 对象创建动画效果。

（12）只有补间动画才能保存为动画预设。

（13）对于补间动画，无法交换元件或设置属性关键帧中显示的图形元件的帧数。应用了这些技术的动画要求是使用传统补间。

4.4 关于补间形状

通过创建补间形状类型的 Flash 动画，可以实现图形的颜色、形状、不透明度、角度的变化。

4.4.1 了解补间形状

在补间形状中，在一个特定时间绘制一个形状，然后在另一个特定时间更改该形状或绘制另一个形状，当创建补间形状后，Flash 会自动插入二者之间的帧的值或形状来创建动画，这样就可以在播放补间形状动画中，看到形状逐渐过渡的过程，从而形成形状变化的动画，如图 4-8 所示。

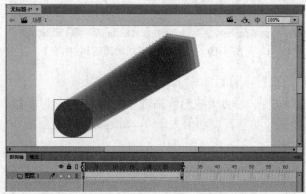

图 4-8　补间形状动画中形状的变化过程

4.4.2 补间形状作用的对象

补间形状可以实现两个形状之间的大小、颜色、形状和位置的相互变化。这种动画类型只能使用形状对象作为形状补间动画的元素，其他对象（例如实例、元件、文本、组合等）必须先分离成形状才能应用到补间形状动画。如果作用的对象不是形状，则创建补间形状后，补间形状范围将显示虚线，以标示补间范围中的形状变化失败，如图 4-9 所示。

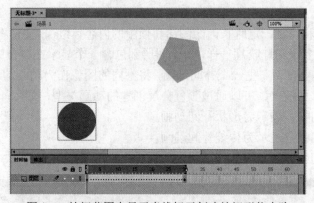

图 4-9　补间范围中显示虚线标示创建补间形状失败

4.4.3 补间形状的属性设置

在制作动画时，只需在【时间轴】面板上添加开始关键帧和结束关键帧，然后在关键帧中创建与设置图形，为开始关键帧和结束关键帧创建补间形状动画即可。

为开始关键帧和结束关键帧之间创建补间形状后，可以通过【属性】面板设置补间形状的
选项，包括【缓动】和【混合】选项，如图 4-10 所示。

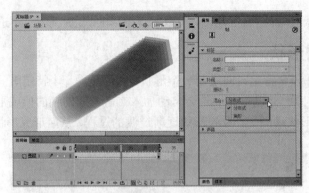

图 4-10　设置补间形状动画的属性

补间形状动画属性的设置项目说明如下：

- 缓动：设置图形以类似运动缓冲的效果进行变化。可以使用【缓动】文本框输入缓动
  值或拖动滑块设置缓动值。缓动值大于 0，则运动速度逐渐减小；缓动值小于 0，则运
  动速度逐渐增大。
- 混合：用于定义对象形状变化时，边缘的变化方式。包括分布式和角形两种方式。
  ➢ 分布式：对象形状变化时，边缘以圆滑的方式逐渐变化。
  ➢ 角形：对象形状变化时，边缘以直角的方式逐渐变化。

4.5　创建与编辑补间动画

了解了各种动画类型后，下面将介绍创建与编辑补间动画的方法。

4.5.1　了解时间轴和帧

1. 时间轴

时间轴用于组织和控制一定时长内的图层和帧中的内容。Flash 文件将时长分为帧，而图
层就像堆叠在一起的多张幻灯胶片一样，每个图层都包含一个显示在舞台中的不同图像，通过
创建动画功能，Flash 会自动产生一个补间动画，将不同的图像作为动画的各个状态进行播放。

- 在【时间轴】面板上，可以通过颜色分辨创建的动画类型，如图 4-11 所示。
- 浅绿色的补间帧：表示为形状补间动画。
- 淡紫色的补间帧：表示为传统补间动画。
- 淡蓝色的补间帧：表示为补间动画，可称为项目动画补间帧。

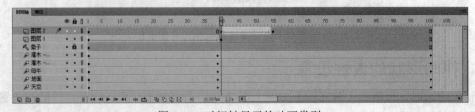

图 4-11　时间轴显示的动画类型

2. 帧

在时间轴中，帧是用来组织和控制文件的内容。在时间轴中放置帧的顺序将决定帧内对象在最终内容中的显示顺序。

帧是 Flash 动画中的最小单位，类似于电影胶片中的小格画面。如果说图层是空间上的概念，图层中放置了组成 Flash 动画的所有元素，那么帧就是时间上的概念，不同内容的帧串联组成了运动的动画。如图 4-12 所示为 Flash 各种类型的帧。

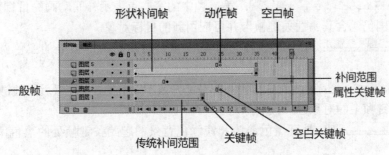

图 4-12　Flash 各种类型的帧

下面是各种帧的作用：
- 关键帧：用于延续上一帧的内容。
- 空白关键帧：用于创建新的动画对象。
- 行为帧：用于指定某种行为，在帧上有一个小写字母 a。
- 一般帧：指该帧上没有创建补间动画。
- 空白帧：用于创建其他类型的帧，是时间轴的组成单位。
- 形状补间帧：创建形状补间动画时在两个关键帧之间自动生成的帧。
- 传统补间帧：创建传统补间动画时在两个关键帧之间自动生成的帧。
- 补间范围：是时间轴中的一组帧，它在舞台上对应对象的一个或多个属性可以随着时间而改变。
- 属性关键帧：是在补间范围中为补间目标对象显示定义一个或多个属性值的帧。

4.5.2　帧频与动画标识

1. 帧频

帧频是动画播放的速度，以每秒播放的帧数（fps）为度量单位。帧频太慢会使动画看起来一顿一顿的，帧频太快会使动画的细节变得模糊。Flash 文档的默认设置为 24，如图 4-13 所示。

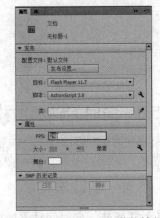

图 4-13　设置 Flash 文件的帧频

问：Flash 文件可以设置多个帧频吗？

答：Flash 文件只能指定一个帧频，因此在开始创建动画之前，需要通过【属性】面板先设置帧频。

2. 动画标识

Flash 通过在包含内容的每个帧中显示不同的指示符来区分时间轴中的补间动画。

【时间轴】面板中帧内容指示符标识动画的说明如下：

- ：一段具有蓝色背景的帧表示补间动画。补间范围的第一帧中的黑点表示补间范围分配有目标对象。黑色菱形表示最后一个帧和任何其他属性关键帧。属性关键帧是包含由用户定义属性更改的帧。

- ：第一帧中的空心点表示补间动画的目标对象已删除。补间范围仍包含其属性关键帧，并可应用新的目标对象。

- ：带有黑色箭头和蓝色背景的起始关键帧处的黑色圆点表示传统补间。

- ：虚线表示传统补间是断开或不完整的，如在最后的关键帧已丢失时，或者关键帧上的对象已经被删除时。

- ：带有黑色箭头和淡绿色背景的起始关键帧处的黑色圆点表示补间形状。

- ：一个黑色圆点表示一个关键帧。单个关键帧后面的浅灰色帧包含无变化的相同内容。这些帧带有垂直的黑色线条，而在整个范围的最后一帧还有一个空心矩形。

- ：关键帧上如出现一个小"a"符号，表示已使用【动作】面板为该帧分配了一个帧动作。

- ：红色的小旗表示该帧包含一个标签。如图 4-14 所示为设置帧标签的方法。

- ：绿色的双斜杠表示该帧包含注释。

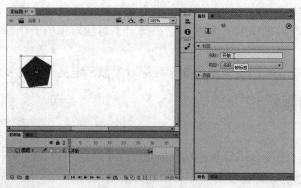

图 4-14　设置帧标签

4.5.3　向时间轴添加补间

在向时间轴添加补间时，需要先确认在时间轴选定的图层上包含了可补间的对象。当添加补间后，补间对象所在的图层将被转换为补间图层。

1. 向时间轴添加补间

动手操作　向时间轴添加补间

1 选择舞台上的可补间对象，如图形元件实例或形状（形状对象是添加补间形状的可补间对象)。

2 选择实例或者帧后,选择【插入】|【补间动画】命令。此时补间对象所在的图层将转换为补间图层,如图 4-15 所示。

3 添加补间后,设置结束关键帧或属性关键帧中对象的属性,才可以使补间产生作用。如图 4-16 所示为改变对象位置属性的补间动画。

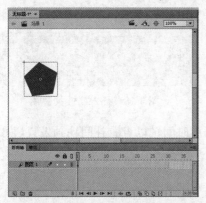

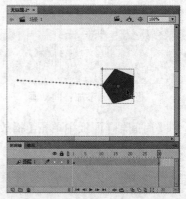

图 4-15　添加补间后,图层将转换为补间图层　　图 4-16　改变对象位置属性的补间动画

2. 图层转换的规则

(1)如果该图层上除选定对象之外没有其他任何对象,则该图层更改为补间图层。

(2)如果选定对象位于该图层堆叠顺序的底部(在所有其他对象之下),则 Flash 会在原始图层之上创建一个图层。该新图层将保存未选择的项目。原始图层成为补间图层。

(3)如果选定对象位于该图层堆叠顺序的顶部(在所有其他对象之上),则 Flash 会创建一个新图层。选定对象将移至新图层,而该图层将成为补间图层。

(4)如果选定对象位于该图层堆叠顺序的中间(在选定对象之上和之下都有对象),则 Flash 会创建两个图层。一个图层保存新补间,而它上面的另一个图层保存位于堆叠顺序顶部的未选择项目。位于堆叠顺序底部的非选定项仍位于新插入图层下方的原图层上。

 补间图层可包含补间范围以及静态帧和 ActionScript。但包含补间范围的补间图层的帧不能包含补间对象以外的对象。如果要将其他对象添加到同一帧中,需要将其放置单独的图层。

动手操作　创建改变位置的补间动画

1 打开光盘中的 "...\Example\Ch04\4.5.3.fla" 文件,将时间轴播放头移到第 1 帧上,选择舞台上的【鸟】实例对象,再选择【插入】|【补间动画】命令,如图 4-17 所示。

2 选择图层 1 的第 50 帧,再选择【插入】|【时间轴】|【关键帧】命令,插入属性关键帧,如图 4-18 所示。

3 选择图层 1 的第 50 帧,在【工具】面板中选择【选择工具】 ,再使用该工具选择元件实例并移到舞台右上方,如图 4-19 所示。

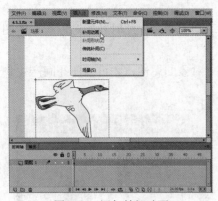

图 4-17　添加补间动画

图 4-18　插入属性关键帧

4 在【时间轴】面板中单击【播放】按钮 ▶️，播放时间轴以查看补间动画效果，如图 4-20 所示。

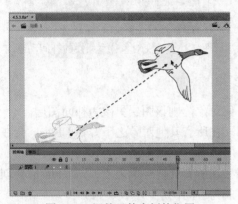

图 4-19　调整元件实例的位置

图 4-20　播放时间轴

4.5.4　设置其他补间属性

创建补间动画后，可以对元件实例或文本字段的大多数属性进行动画处理，如旋转、缩放、透明度或色调。例如，可以编辑元件实例的 Alpha（透明度）属性以使其淡出到屏幕上。

动手操作　设置其他补间属性

1 选择舞台上的一个元件实例或文本字段。如果选定对象包含其他对象，或者包含该图层中的多个对象，则 Flash 会建议将选定对象转换为影片剪辑元件。

2 选择【插入】|【补间动画】命令。如果出现【将所选的内容转换为元件以进行补间】对话框，可以单击【确定】将选定内容转换为影片剪辑元件。

3 将播放头放在补间范围中要指定属性值的帧中。可以将播放头放在补间范围的任何其他帧中，如图 4-21 所示。补间以补间范围的第 1 帧中的属性值开始，第 1 帧始终是属性关键帧。

4 在舞台上选定了对象后，可以通过【属性】面板或使用工具设置各种属性（例如 Alpha、颜色、大小、旋转或倾斜）的值。如图 4-22 所示设置对象的 Alpha 属性。

5 当为对象设置属性后，补间范围的当前帧成为属性关键帧。

图 4-21 移动播放头到需要制定属性的帧中

图 4-22 设置对象的属性

6 拖曳时间轴中的播放头，以在舞台上预览补间。

7 如果要添加其他属性关键帧，可以将播放头移到范围中所需的帧，再次通过【属性】面板或工具设置属性值。

动手操作　使补间对象逐渐变小并消失

1 打开光盘中的 "…\Example\Ch04\4.5.4.fla" 练习文件，选择图层 1 的第 1 帧并单击右键，从菜单中选择【创建补间动画】命令，如图 4-23 所示。

图 4-23 创建补间动画

2 将时间轴的播放头移到第 40 帧上，选择舞台上的元件实例，再将其移到舞台左上角，如图 4-24 所示。

图 4-24 移动播放头并调整元件实例的位置

3 在【工具】面板中选择【任意变形工具】 ，选择舞台的元件实例并等比例缩小实例，如图 4-25 所示。

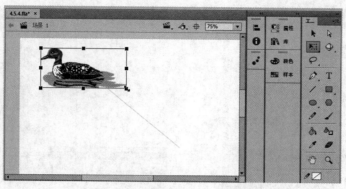

图 4-25   等比例缩小元件实例

4 选择元件实例并打开【属性】面板，选择色彩效果样式为 Alpha，再设置 Alpha 为 0%，使元件实例变成完全透明，如图 4-26 所示。

5 设置元件属性后，按 Ctrl+Enter 键打开 Flash 播放器查看补间动画的效果，如图 4-27 所示。

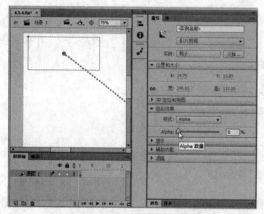

图 4-26   设置元件实例的透明度

图 4-27   通过播放器查看动画效果

4.5.5   编辑补间的运动路径

在 Flash CC 中，可以使用多种方法编辑补间的运动路径。

1. 更改对象的位置

通过更改对象的位置来更改运动路径，是最简单的编辑运动路径操作。当创建补间动画时，可以调整属性关键帧的目标对象的位置改变补间动画的运动路径。

2. 移动整个运动路径的位置

都可以在舞台上拖动整个运动路径，或者在【属性】面板中设置其位置，其中通过拖动的方式调整整个运动路径的方法最常用。

（1）使用工具移动运动路径，首先在【工具】面板中选择【选择工具】，然后单击选中运动路径，接着将路径拖到舞台上所需的位置即可，如图 4-28 所示。

（2）通过【属性】面板移动运动路径。先在【工具】面板中选择【选择工具】，然后在【属性】面板中设置路径的 X 和 Y 值即可，如图 4-29 所示。

114

图 4-28　移动整个运动路径　　　　　　图 4-29　设置路径的位置值

3. 使用【任意变形工具】更改路径的形状或大小

在 Flash CC 中，可以使用【任意变形工具】![icon]编辑补间动画的运动路径，如缩放、倾斜或旋转路径，如图 4-30 所示。

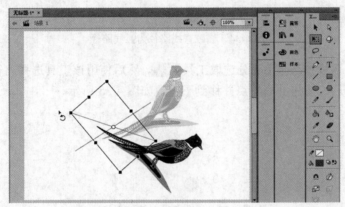

图 4-30　使用【任意变形工具】旋转路径

4.5.6　修改补间运动路径形状

在 Flash 中，可以使用【选择工具】![icon]和【部分选取工具】![icon]修改运动路径的形状。

可以使用【选择工具】![icon]通过拖动的方式修改运动路径的形状，如图 4-31 所示。

同时，由于补间中的属性关键帧将显示为路径上的控制点，因此也可以使用【部分选取工具】![icon]显示路径上对应每个位置属性关键帧的控制点和贝塞尔手柄，然后使用这些手柄改变属性关键帧点周围的路径形状，如图 4-32 所示。

图 4-31　使用选择工具修改路径的形状　　　　图 4-32　使用部分选取工具修改路径的形状

动手操作　使对象沿曲线路径运动

1 打开光盘中的 "...\Example\Ch04\4.5.6.fla" 练习文件，将播放头移到第 50 帧上并按 F6 键插入属性关键帧，然后将舞台上的元件实例移到右下方，如图 4-33 所示。

图 4-33　插入属性关键帧并调整实例的位置

2 此时可以看到补间动画中的运动路径是直线段。在【工具】面板中选择【选择工具】，并将工具移到路径上，然后按照路径向上移动，修改路径的形状，如图 4-34 所示。

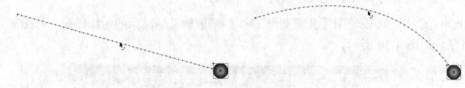

图 4-34　修改直线路径为弧线路径

3 在【工具】面板中选择【部分选取工具】，然后使用该工具选择路径左端的控制点，当显示贝塞尔手柄后，按住手柄端点并移到下方，如图 4-35 所示。

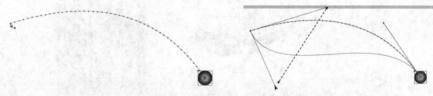

图 4-35　修改路径左侧的形状

4 使用【部分选取工具】选择路径右端的控制点，当显示贝塞尔手柄后，按住手柄端点并向左上方移动，修改路径右侧的形状，如图 4-36 所示。

5 在【时间轴】面板中按下【绘图纸外观】按钮，然后设置显示所有补间范围的绘图纸外观，查看元件实例沿着曲线运动的效果，如图 4-37 所示。

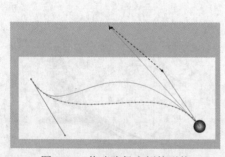

图 4-36　修改路径右侧的形状

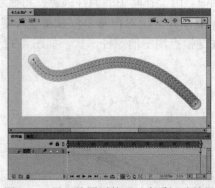

图 4-37　显示绘图纸外观以查看运动效果

4.5.7　使用浮动属性关键帧

　　浮动属性关键帧是与时间轴中的特定帧无任何联系的关键帧。在 Flash 中，可以将调整浮动关键帧的位置，使整个补间中的运动速度保持一致。

　　选择补间范围并单击右键，然后在打开的菜单中选择【运动路径】|【将关键帧切换为浮动】命令即可为整个补间启用浮动关键帧，如图 4-38 所示。

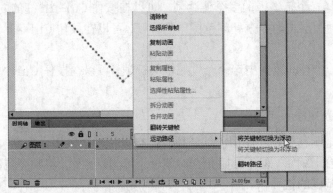

图 4-38　将关键帧切换为浮动

　　在通过将补间对象拖动到不同帧中的不同位置，对舞台上的运动路径进行编辑之后，浮动关键帧非常有用。按照此方式编辑运动路径时，通常会创建一些路径片段，这些路径片段中的运动速度比其他片段中的运动速度要更快或更慢。这是因为路径段中的帧数会比其他路径段中的帧数更多或更少，如图 4-39 所示。

　　使用浮动属性关键帧有助于确保整个补间中的动画速度保持一致。在将属性关键帧设置为浮动时，Flash 会在补间范围中调整属性关键帧的位置，以便补间对象在补间的每个帧中移动相同的距离，如图 4-40 所示。

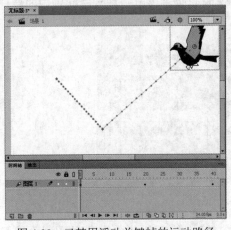

图 4-39　已禁用浮动关键帧的运动路径

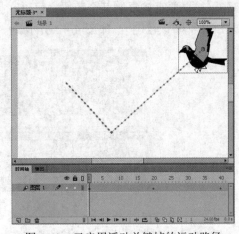

图 4-40　已启用浮动关键帧的运动路径

4.5.8　编辑动画的补间范围

　　在 Flash 中创建动画时，通常应先在时间轴中设置补间范围，通过在图层和帧中对各个对象进行初始排列，然后在【属性】面板中设置补间属性值，从而完成补间。

1. 选择补间范围和帧

在时间轴中选择补间范围和帧的操作如下：

（1）如果要选择整个补间范围，可以单击该范围。

（2）如果要选择多个补间范围（包括非连续范围），可以在按住 Shift 键的同时单击每个范围。

（3）如果要选择补间范围内的单个帧，可以在按住 Ctrl+Alt 键的同时单击该范围内的帧。

（4）如果要选择一个范围内的多个连续帧，可以在按住 Ctrl+Alt 键的同时在范围内拖动。

（5）若要在不同图层上的多个补间范围中选择帧，可以在按住 Ctrl+Alt 键的同时跨多个图层拖动。

（6）如果要在一个补间范围中选择个别属性关键帧，可以在按住 Ctrl+Alt 键的同时单击属性关键帧。

2. 移动、复制或删除补间范围

（1）如果要将范围移到相同图层中的新位置，可以拖动该范围，如图 4-41 所示。锁定某个图层会阻止在舞台上编辑，但不会阻止在时间轴上编辑。另外，将某个范围移到另一个范围之上会占用第二个范围的重叠帧。

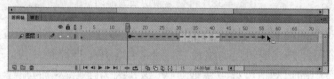

图 4-41　移动补间范围

（2）如果要将补间范围移到其他图层，可以将范围拖到该图层，或复制范围并将其粘贴到新图层。可以将补间范围拖到现有的常规图层、补间图层、引导图层、遮罩图层或被遮罩图层上。如果新图层是常规空图层，它将成为补间图层。

（3）如果要直接复制某个范围，可以在按住 Alt 键的同时将该范围拖到时间轴中的新位置（或复制并粘贴该范围），如图 4-42 所示。

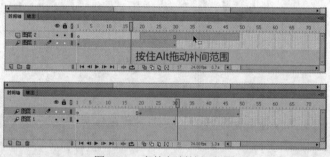

图 4-42　直接复制补间范围

（4）如果要删除范围，可以选择该范围并单击右键，然后从菜单中选择【删除帧】或【清除帧】命令。

3. 编辑相邻的补间范围

（1）如果要移动两个连续补间范围之间的分隔线，可以拖动该分隔线，如图 4-43 所示。Flash 将重新计算每个补间。

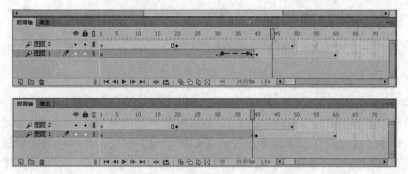

图 4-43　移动连续补间之间的分隔线

（2）如果要分隔两个连续补间范围的相邻起始帧和结束帧，可以在按住 Alt 键的同时拖动第二个范围的起始帧，如图 4-44 所示。此操作将为两个范围之间的帧留出空间。

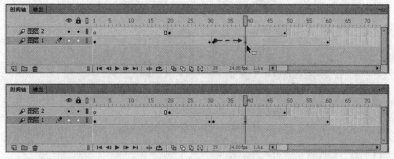

图 4-44　分隔两个连续补间范围的相邻起始帧和结束帧

（3）如果要将某个补间范围分为两个单独的范围，可以在按住 Ctrl 键的同时单击范围中的单个帧，然后单击右键并从菜单中选择【拆分动画】命令，如图 4-45 所示。拆分动画后，两个补间范围具有相同的目标实例。

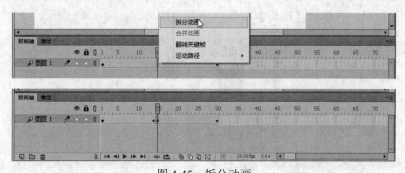

图 4-45　拆分动画

（4）如果要合并两个连续的补间范围，可以选择这两个范围，然后单击右键并从菜单中选择【合并动画】命令。

　　如果选中了多个帧，则无法拆分动画。如果拆分的补间已应用了缓动，这两个较小的补间可能不会与原始补间具有完全相同的动画。

4.5.9 为对象应用动画预设

动画预设是预先配置的补间动画，可以将它们应用于舞台上的对象。

1. 预览动画预设

Flash 随附的每个动画预设都包括预览，可以在【动画预设】面板中查看其预览。通过预览，可以了解在将动画应用于 Flash 文件中的对象时所获得的结果。

选择【窗口】|【动画预设】命令，打开【动画预设】面板，然后从列表中选择一个动画预设，就可以在面板顶部的【预览】窗格中预览播放效果，如图 4-46 所示。在【动画预设】面板外单击即可停止播放预览。

图 4-46　预览动画预设

2. 应用动画预设

在 Flash 中，每个对象只能应用一个预设。如果将第二个预设应用于相同的对象，则第二个预设将替换第一个预设。一旦将预设应用于舞台上的对象后，在时间轴中创建的补间就不再与【动画预设】面板有任何关系了。

在舞台上选中了可补间的对象（元件实例或文本字段）后，可以打开【预设】面板并选择需要应用的预设项目，再单击【应用】按钮应用预设即可，如图 4-47 所示。

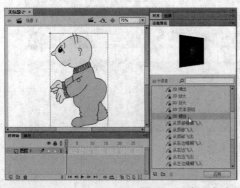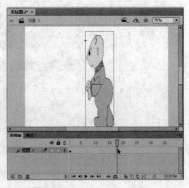

图 4-47　为对象应用动画预设

 　　每个动画预设都包含特定数量的帧。在应用预设时，在时间轴中创建的补间范围将包含此数量的帧。如果目标对象已应用了不同长度的补间，补间范围将进行调整，以符合动画预设的长度。在应用预设后可以在时间轴中调整补间范围的长度。

4.6 应用传统补间和补间形状

传统补间和补间形状是 Flash 支持的另外两种动画类型，它们与补间动画相比，具有自己的优势。

4.6.1 创建传统补间动画

使用传统补间可以对实例、组和类型的属性变化进行补间。Flash 可以补间实例、组和类型的位置、大小、旋转和倾斜，也可以补间实例和类型的颜色、创建渐变的颜色切换或使实例淡入或淡出。

动手操作 创建传统补间动画

1 选择舞台上的可补间对象，如图形元件实例、组或文本块。

2 创建第二个关键帧（即动画结束处），并且选择这个新的关键帧。

3 修改结束帧中的项目，执行下列任意一项操作：

（1）将项目移动到新的位置。

（2）修改项目的大小、旋转或倾斜。

（3）修改项目的颜色（仅限实例或文本块）。

4 创建传统补间，执行下列操作之一：

（1）单击补间的帧范围的任意帧，然后选择【插入】|【传统补间】命令，如图 4-48 所示。

（2）右键单击补间范围的任意帧，然后从菜单中选择【创建传统补间】命令，如图 4-49 所示。

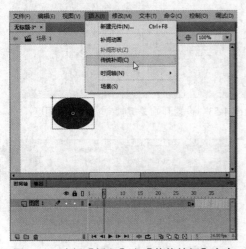

图 4-48 选择【插入】|【传统补间】命令

图 4-49 从快捷键中选择【创建传统补间】命令

动手操作 制作从小到大淡入的动画

1 打开光盘中的 "...\Example\Ch04\4.6.1.fla" 练习文件，选择图层 1 的第 45 帧，再按 F6 键插入关键帧，如图 4-50 所示。

2 选择图层 1 的第 45 帧，再使用【选择工具】 将舞台上的元件实例移到舞台右下方，如图 4-51 所示。

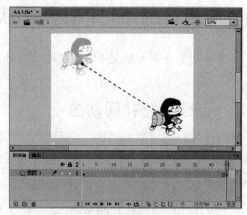

图 4-50　插入关键帧　　　　图 4-51　调整结束关键帧中实例的位置

3 在【工具】面板中选择【任意变形工具】 ，然后选择结束关键帧中的实例，再等比例扩大实例，如图 4-52 所示。

4 选择图层 1 的第 1 帧（即本例的开始关键帧），再选择该帧上的元件实例，打开【属性】面板并设置 Alpha 为 0%，使实例变成完全透明，如图 4-53 所示。

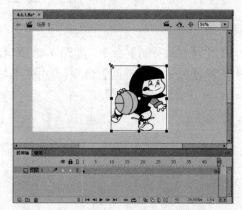

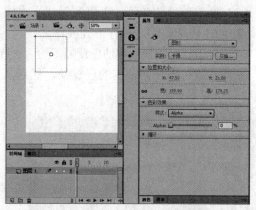

图 4-52　设置结束关键帧中实例的大小　　　　图 4-53　设置开始关键帧中实例的透明度

5 在两个关键帧之间选择任意帧并单击右键，从菜单中选择【创建传统补间】命令，如图 4-54 所示。

6 按 Ctrl+Enter 键打开 Flash 播放器播放传统补间动画，查看对象的变化效果，如图 4-55 所示。

图 4-54　创建传统补间动画

图 4-55　通过播放器查看动画效果

4.6.2 粘贴传统补间动画属性

使用【粘贴动画】命令可以复制传统补间，并且仅粘贴特定属性以应用于其他对象。

动手操作　粘贴传统补间动画属性

1 在包含要复制的传统补间的时间轴中选择帧。所选的帧必须位于同一层上，但它们的范围不必只限于一个传统补间。可选择一个补间、若干空白帧或者两个或更多补间。

2 选择【编辑】│【时间轴】│【复制动画】命令。

3 选择接收所复制的传统补间的元件实例。

4 选择【编辑】│【时间轴】│【选择性粘贴动画】命令。

图 4-56　粘贴特殊动作

选择要粘贴到该元件实例中的特定传统补间属性，如图 4-56 所示。
传统补间属性包括：

- X 位置：对象在 X 方向上移动的距离。
- Y 位置：对象在 Y 方向上移动的距离。
- 水平缩放：指定在水平方向（X）上对象的当前大小与其自然大小的比值。
- 垂直缩放：指定在垂直方向（Y）上对象的当前大小与其自然大小的比值。
- 旋转和倾斜：对象的旋转和倾斜。必须将这两个属性同时应用于对象。倾斜是旋转度量（以度为单位），同时应用旋转和倾斜时，这两个属性会相互影响。
- 颜色：所有颜色值（如"色调"、"亮度"和"Alpha"）都会应用于对象。
- 滤镜：所选范围的所有滤镜值和更改。如果对对象应用了滤镜，则会粘贴该滤镜（不改动其任何值），并且它的状态（启用或禁用）也将应用于新对象。
- 混合模式：应用对象的混合模式。
- 覆盖目标缩放属性：如果未选中，则指定相对于目标对象粘贴所有属性。如果选中，此选项将覆盖目标的缩放属性。
- 覆盖目标的旋转和倾斜属性：如果未选中，则指定相对于目标对象粘贴所有属性。如果选中，所粘贴的属性将覆盖对象的现有旋转和缩放属性。

5 此时 Flash 将插入必需的帧、补间和元件信息以匹配所复制的原始补间。

4.6.3 创建补间形状动画

在形状补间中，在时间轴中的一个特定帧上绘制一个矢量形状然后更改该形状，或在另一个特定帧上绘制另一个形状。然后，Flash 将内插中间的帧的中间形状，创建一个形状变形为另一个形状的动画。

动手操作　创建补间形状动画

1 在第 1 帧中，使用绘图工具绘制一个图形，如图 4-57 所示。

2 选择同一图层的其他帧，然后选择【插入】│【时间轴】│【空白关键帧】命令或按 F7 键添加一个空白关键帧。

3 在舞台上使用绘图工具绘制另一个图形，如图 4-58 所示。

4 在时间轴上，从位于包含两个形状的图层中的两个关键帧之间的多个帧中选择一个帧。

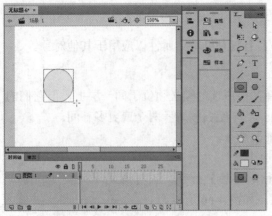

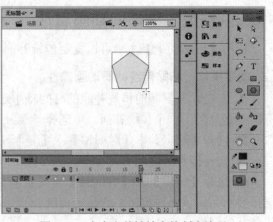

图 4-57　在第 1 帧中绘制一个圆形　　　　　图 4-58　在空白关键帧中绘制多边形

5 选择【插入】|【补间形状】命令，或者在帧上单击右键并选择【创建补间形状】命令。Flash 将形状补间插到这两个关键帧之间的所有帧中。

6 如果要预览补间，可以在时间轴中将播放头拖过这些帧，或通过显示绘图纸查看效果，如图 4-59 所示。

7 如果要向补间添加缓动，可以选择两个关键帧之间的某一个帧，然后在【属性】面板中的【缓动】字段中输入一个值，如图 4-60 所示。若输入一个负值，则在补间开始处缓动；若输入一个正值，则在补间结束处缓动。

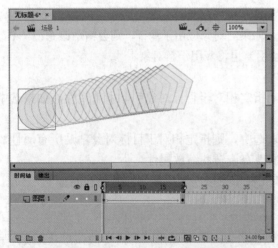

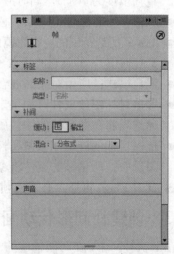

图 4-59　查看补间形状效果　　　　　　　图 4-60　设置补间的缓动

4.6.4　删除补间与转换为逐帧动画

1. 删除补间

如果创建的补间动画不适用，可以将补间删除。删除补间的方法有以下 2 种：

方法 1　选择补间范围或补间范围内的任意帧，再选择【插入】|【删除补间】命令，如图 4-61 所示。

方法 2　选择补间范围或补间范围内的任意帧，再单击右键并从菜单中选择【删除补间】命令，如图 4-62 所示。

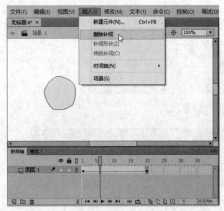

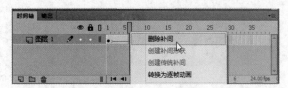

图 4-61　选择【插入】|【删除补间】命令　　　　图 4-62　从快捷菜单中选择【删除补间】命令

2. 将补间转换为逐帧动画

逐帧动画是指为时间轴中的每个帧指定不同的内容，然后通过播放每个帧使不同内容产生连续变化而形成的动画。逐帧动画在每一帧中都会更改舞台内容，它适合于图像在每一帧中都在变化而不仅是在舞台上移动的复杂动画。对于每个帧的图形元素必须不同的复杂动画而言，此技术非常有用。

在 Flash 中，可以将传统补间、补间形状或补间动画范围转换为逐帧动画。选择补间范围或补间范围内的任意帧，然后单击右键并从菜单中选择【转换为逐帧动画】命令即可，如图4-63 所示。逐帧动画中的每个帧都包含单独的关键帧（而非属性关键帧），其中的每个关键帧都包含单独的动画元件实例。逐帧动画不包含插补属性值。

图 4-63　将补间转换为逐帧动画

4.7　技能训练

下面通过多个上机练习实例，巩固所学习知识。

4.7.1　上机练习 1：汽车驶入并停下的动画

本例先将汽车图形组合对象转化为图形元件，然后为元件实例创建补间动画，再插入属性关键帧，将元件实例沿水平方向拖到舞台右侧，接着为补间动画设置缓动即可。

操作步骤

1 打开光盘中的 "...\Example\Ch04\4.7.1.fla" 练习文件，选择舞台左下方的汽车图形组合，然后单击右键并从菜单中选择【转换为元件】命令，打开【转换为元件】对话框后，设置元件名称和类型，单击【确定】按钮，如图 4-64 所示。

2 同时选择时间轴所有图层的第 40 帧，然后按 F5 键插入帧，选择图层 4 上的第 1 帧并单击右键，从打开的菜单中选择【创建补间动画】命令，如图 4-65 所示。

图 4-64　将图形组合对象转换为图形元件

图 4-65　插入帧并创建补间动画

3 选择图层 4 的第 40 帧，按 F6 键插入属性关键帧，然后选择图形元件实例，并沿水平方向移到舞台的右下方，如图 4-66 所示。

4 选择补间动画范围的任意帧，再打开【属性】面板，设置缓动为 80，如图 4-67 所示。

图 4-66　插入属性关键帧

图 4-67　调整属性关键帧中实例的位置　　　　图 4-67　设置补间动画的缓动

5 按 Ctrl+Enter 键打开 Flash 播放器播放补间动画，查看汽车从舞台下方的左侧移入并在右侧停止的动画，如图 4-68 所示。

图 4-68　通过播放器查看动画

4.7.2　上机练习 2：卡通插画淡入并放大动画

本例先将舞台上的卡通插画元件实例缩小并移到舞台下方，再插入关键帧并将实例移到舞台上方，然后扩大实例，再次插入关键帧并调整实例的位置和大小，最后创建传统补间动画，设置开始关键帧中实例为完全透明。

操作步骤

1 打开光盘中的 "...\Example\Ch04\4.7.2.fla" 练习文件，在【工具】面板中选择【任意变形工具】 ，然后选择舞台上的卡通插画元件实例，按住 Shift 键拖动变形框角点等比例缩小实例，将实例移到舞台下方，如图 4-69 所示。

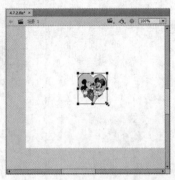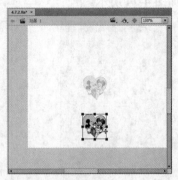

图 4-69　缩小实例并调整实例的位置

2 选择图层 1 第 20 帧，按 F6 键插入关键帧，然后将实例移到舞台上方，再使用【任意变形工具】 选择实例并等比例放大实例，如图 4-70 所示。

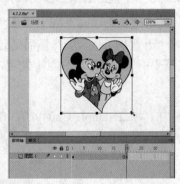

图 4-70　插入关键帧并设置实例大小和位置属性

3 选择图层 1 第 25 帧，按 F6 键插入关键帧，然后将实例移到舞台中央位置，再使用【任意变形工具】 选择实例并等比例放大实例，如图 4-71 所示。

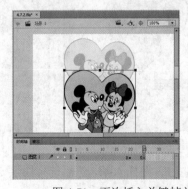

图 4-71　再次插入关键帧并设置实例位置和大小属性

4 选择所有关键帧之间的帧，再单击右键并从菜单中选择【创建传统补间】命令，如图 4-72 所示。

5 选择图层 1 的第 1 帧，再选择该帧中的元件实例，打开【属性】面板，设置实例的 Alpha 为 0%，如图 4-73 所示。

图 4-72　创建传统补间动画

6 按 Ctrl+Enter 键打开 Flash 播放器播放动画，查看卡通插画从舞台下方淡入舞台同时逐渐变大的效果，如图 4-74 所示。

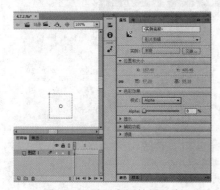

图 4-73　设置实例的透明度

图 4-74　查看动画效果

4.7.3　上机练习 3：爱意之心徐徐升起的动画

本例将在上例的卡通插画动画基础上添加两个心形元件实例。在制作时先为其中一个心形实例创建沿曲线向上升起的补间动画，然后通过复制动画和粘贴动画的方式，将补间动画应用到另外一个心形实例中，并进行水平翻转处理，制作两个心形实例沿曲线升起的动画。

操作步骤

1 打开光盘中的 "…\Example\Ch04\4.7.3.fla" 练习文件，在图层 1 上方新建图层 2，选择图层 2 第 25 帧并插入空白关键帧，然后从【库】面板中将【心形1】图形元件加入舞台，如图 4-75 所示。

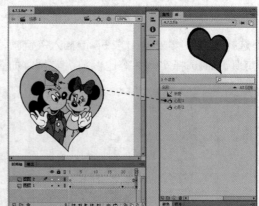

图 4-75　新增图层并加入图形元件

2 选择到图层 1 和图层 2 的第 100 帧，再按 F5 键插入帧，然后选择图层 2 的任意帧并单击右键，从菜单中选择【创建补间动画】命令，如图 4-76 所示。

图 4-76 插入帧并创建补间动画

3 选择图层 2 第 50 帧，按 F6 键插入属性关键帧，将【心形1】元件实例向左上方移动，如图 4-77 所示。

4 选择图层 2 第 75 帧，按 F6 键插入属性关键帧，调整【心形1】元件实例的位置，如图 4-78 所示。

图 4-77 插入属性关键帧并调整实例位置　　　　图 4-78 再次插入属性关键帧并调整实例位置

5 选择图层 2 第 100 帧并插入属性关键帧，向上移动【心形1】元件实例，如图 4-79 所示。

6 在【工具】面板中选择【选择工具】，然后使用该工具将多段线的运动路径修改为曲线的形状，如图 4-80 所示。

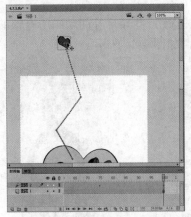

图 4-79 插入第三个属性关键帧并调整实例位置　　　　图 4-80 修改运动路径的形状

7 在图层 2 上方新增图层 3，在图层 3 第 25 帧上插入空白关键帧，然后从【库】面板中将【心形2】图形元件加入舞台，如图 4-81 所示。

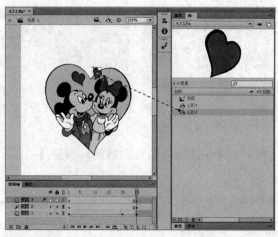

图 4-81　新增图层并加入另一个图形元件

8 选择【心形1】元件实例并单击右键，从菜单中选择【复制动画】命令，再选择【心形2】元件实例并单击右键，然后从菜单中选择【粘贴动画】命令，如图 4-82 所示。

图 4-82　复制与粘贴动画

9 使用【选择工具】 ▶ 选择【心形2】元件实例的运动路径，然后选择【修改】|【变形】|【水平翻转】命令，翻转运动路径，如图 4-83 所示。

10 在【时间轴】面板中按下【绘图纸外观】按钮 ，并显示补间动画所有帧的绘图纸外观，查看两个心形实例演沿着曲线向上升起的效果，如图 4-84 所示。

图 4-83　水平翻转运动路径　　　　　　　　　图 4-84　通过绘图纸外观查看动画效果

4.7.4 上机练习4：小丑脸谱神奇交换的动画

本例先将舞台上的组合对象分散到图层，并调整图层的排列顺序，然后将小丑双手中的脸谱组合对象转换为影片剪辑元件，接着创建补间动画并制作两个脸谱元件实例交换的动画，最后适当调整两个脸谱元件实例运动的路径即可。

操作步骤

1 打开光盘中的"...\Example\Ch04\4.7.4.fla"练习文件，选择舞台上的所有对象，再单击右键并选择【分散到图层】命令，选择图层4，然后将该图层移到图层1和图层2之间，如图4-85所示。

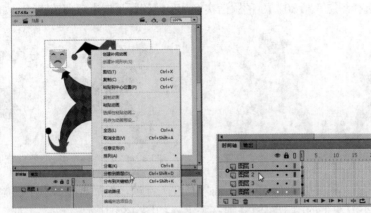

图4-85　分散对象到图层并调整图层顺序

2 选择图层2、图层3、图层4的第60帧并按F5键插入帧，如图4-86所示。

图4-86　插入帧

3 选择小丑右手的脸谱对象并将该对象转换成名为【脸谱1】的影片剪辑元件，接着将小丑左手的脸谱对象转换成名为【脸谱2】的影片剪辑元件，如图4-87所示。

图4-87　将脸谱对象转换为影片剪辑元件

4 按住Ctrl键并分别单击图层4和图层3的第1帧，以将这两个帧选中，然后选择【插入】|【补间动画】命令，创建补间动画，如图4-88所示。

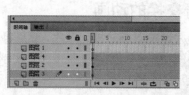 

图 4-88　为图层 4 和图层 3 创建补间动画

5 分别在图层 3 和图层 4 第 30 帧上插入属性关键帧，然后将小丑右手的脸谱实例移到小丑左手上，再将小丑左手的脸谱实例移到右手上，如图 4-89 所示。

6 选择【选择工具】 ，再选择图层 4 第 30 帧上的脸谱实例，当显示运动路径后，调整路径向下弯曲，接着选择图层 3 第 30 帧上的脸谱实例，显示路径后向上弯曲该路径，如图 4-90 所示。

图 4-89　插入属性关键帧并调整脸谱的位置　　　　图 4-90　调整两个补间动画运动路径的形状

7 分别在图层 3 和图层 4 第 60 帧上插入属性关键帧，然后将小丑右手的脸谱实例移到小丑左手上，再将小丑左手的脸谱实例移到右手上，如图 4-91 所示。

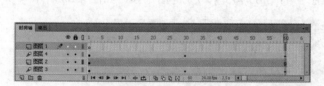

图 4-91　插入属性关键帧并再次调换脸谱的位置

8 选择【选择工具】 ，再选择图层 4 第 60 帧上的脸谱实例，当显示运动路径后，使用【选择工具】 工具调整路径，再选择【部分选取工具】 ，并使用该工具调整路径的转角点，使路径变成向下弯曲的形状，如图 4-92 所示。

9 选择【选择工具】 ，再选择图层 3 第 60 帧上的脸谱实例，当显示运动路径后，使用【选择工具】 工具调整路径，然后选择【部分选取工具】 ，并使用该工具调整路径的转角点，使路径变成向上弯曲的形状，如图 4-93 所示。

图 4-92　调整图层 4 中第 30 帧到 60 帧实例运动的路径　图 4-93　调整图层 3 中第 30 帧到 60 帧实例运动的路径

10 按 Ctrl+Enter 键打开 Flash 播放器播放动画，查看动画中小丑双手的脸谱进行交换的动画，如图 4-94 所示。

图 4-94　查看动画效果

4.7.5　上机练习 5：小丑脸色神奇变化的动画

本例先将小丑组合对象转换为影片剪辑元件，然后进入元件编辑窗口并将元件的组合对象分散到图层，并将小丑脸部对象分离成形状，接着插入多个关键帧并设置小丑脸部形状的颜色，最后通过创建补间形状动画，制作小丑脸色变化的效果。

操作步骤

1 打开光盘中的"...\Example\Ch04\4.7.5.fla"练习文件，选择舞台上的小丑组合对象，单击右键并选择【转换为元件】命令，打开对话框后设置元件名称和类型，再单击【确定】按钮，如图 4-95 所示。

图 4-95　将小丑组合对象转换为影片剪辑元件

2 选择影片剪辑元件实例并双击实例进入编辑窗口，选择小丑的头部组合对象，再按Ctrl+B 键分离对象，如图 4-96 所示。

图 4-96　进入元件编辑窗口并分离组合对象

3 选择元件编辑窗口中所有的对象，单击右键并选择【分散到图层】命令，选择小丑脸部的组合对象，然后按 Ctrl+B 键将对象分离成形状，如图 4-97 所示。

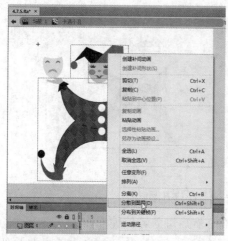

图 4-97　将对象分散到图层并将脸部对象分离成形状

4 选择所有图层的第 60 帧，再按 F5 键插入帧，然后分别选择图层 4 的第 20 帧、40 帧和 60 帧，并按 F6 键插入关键帧，如图 4-98 所示。

图 4-98　插入帧和关键帧

5 分别为图层 4 的第 20 帧、40 帧和 60 帧上的小丑脸部形状设置不同的颜色，如图 4-99 所示。

图 4-99　设置关键帧中形状的颜色

6 选择图层 4 各个关键帧之间的帧，然后单击右键并从菜单中选择【创建补间形状】命令，如图 4-100 所示。

图 4-100　创建补间形状动画

7 按 Ctrl+Enter 键打开 Flash 播放器播放动画，查看动画中小丑脸色在变化的效果，如图 4-101 所示。

图 4-101　通过播放器查看动画效果

4.7.6　上机练习 6：制作树上挂灯的灯光动画

本例先绘制一个圆形对象，设置圆形对象的渐变颜色，然后插入多个关键帧，设置关键帧中圆形对象的大小，最后通过创建补间形状动画，制作出树上挂灯的灯光照耀的动画效果。

操作步骤

1 打开光盘中的 "...\Example\Ch04\4.7.6.fla" 练习文件，在【工具】面板上选择【椭圆工具】 ，然后按下【对象绘制】按钮 ，打开【属性】面板，设置笔触颜色为【无】、填充颜色为【#FFFFCC】，接着新增图层 4 并在灯的图形对象中绘制一个圆形对象，如图 4-102 所示。

图 4-102　新增图层并绘制圆形对象

2 选择图层 4 并将该图层拖到图层 3 的下层，选择图层 4 上的圆形对象，打开【颜色】面板并修改填充类型为【径向渐变】，再设置由颜色【#FFFFCC】到白色（透明）的渐变，如图 4-103 所示。

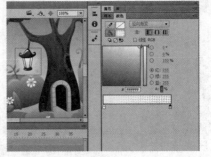

图 4-103　调整图层顺序并修改圆形对象填充颜色

3 分别在图层 4 的第 25 帧、50 帧、75 帧和 100 帧上插入关键帧，如图 4-104 所示。

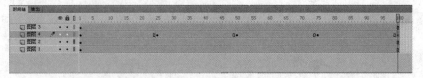

图 4-104　插入关键帧

4 选择图层 4 第 25 帧，然后使用【任意变形工具】![icon]等比例扩大该帧的圆形对象，再选择图层 4 第 75 帧，使用【任意变形工具】![icon]等比例扩大该帧的圆形对象，如图 4-105 所示。

图 4-105　调整第 25 帧和第 75 帧中圆形对象的大小

5 选择图层 4 中关键帧之间的帧，单击右键并从菜单中选择【创建补间形状】命令，如图 4-106 所示。

图 4-106　创建补间形状

6 按 Ctrl+Enter 键打开 Flash 播放器播放动画，查看树上的挂灯中光盘照耀的动画效果，如图 4-107 所示。

图 4-107　通过播放器查看动画效果

4.7.7 上机练习 7：使燕子贴紧路径方向飞行

本例先将舞台上的燕子对象转换为影片剪辑元件，再创建补间动画，并通过多个属性关键帧设置燕子不同的位置，然后调整运动路径的形状并应用【调整到路径】功能，使燕子可以根据路径的方向而旋转方向，从而贴紧路径进行飞行。

操作步骤

1 打开光盘中的"...\Example\Ch04\4.7.7.fla"练习文件，选择舞台左下方的燕子对象，然后选择【修改】|【转换为元件】命令，打开【转换为元件】对话框后，设置元件名称和类型，单击【确定】按钮，如图 4-108 所示。

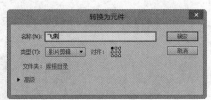

图 4-108　将燕子对象转换为影片剪辑元件

2 双击【飞燕】元件实例打开编辑窗口，选择图层 1 第 50 帧并插入帧，然后选择任意帧后单击右键，从打开菜单中选择【创建补间动画】命令，如图 4-109 所示。

图 4-109　插入帧并创建补间动画

3 在图层 1 的第 15 帧上按 F6 键插入属性关键帧，然后调整燕子实例的位置，接着使用相同的方法，在第 25 帧、30 帧和第 50 帧上插入属性关键帧，并分别调整燕子实例的位置，如图 4-110 所示。

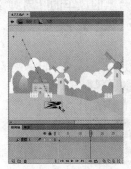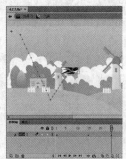

图 4-110　插入属性关键帧并设置实例的位置

4 在【工具】面板中选择【选择工具】，然后使用该工具调整各段补间动画运动路径的形状，结果如图 4-111 所示。

5 选择补间动画的任意帧，然后打开【属性】面板，再选择【调整到路径】复选框，接着设置缓动为 20，如图 4-112 所示。

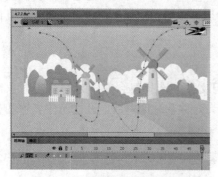

图 4-111　调整运动路径的形状

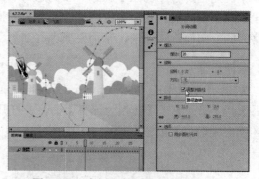

图 4-112　应用调整到路径和缓动功能

6 按 Ctrl+Enter 键打开 Flash 播放器播放动画，查看燕子飞行的动画效果，如图 4-113 所示。

图 4-113　通过播放器查看动画效果

4.7.8　上机练习 8：制作风车持续转动的动画

本例先将风车上的叶扇对象转换为影片剪辑元件，再进入影片剪辑元件编辑窗口，然后将叶扇对象转换为图形元件，并创建传统补间动画，设置风车的叶扇顺时针旋转的属性，最后将风车影片剪辑元件加到另一座风车对象上即可。

操作步骤

1 打开光盘中的 "...\Example\Ch04\4.7.8.fla" 练习文件，选择舞台上的风车的叶扇对象，单击右键并选择【转换为元件】命令，打开对话框后设置元件名称为【风车】、类型为【影片剪辑】，然后单击【确定】按钮，如图 4-114 所示。

图 4-114　将对象转换为影片剪辑元件

2 双击【风车】影片剪辑元件实例打开编辑窗口，再次选择叶扇对象并单击右键，从打开的菜单中选择【转换为元件】命令，设置名称和类型并单击【确定】按钮，如图 4-115 所示。

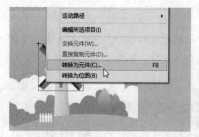

图 4-115　通过元件编辑窗口将对象转换为图形元件

3 在影片剪辑元件编辑窗口的图层 1 的第 60 帧上插入关键帧，然后在关键帧之间选择任意帧，单击右键并从打开的菜单中选择【创建传统补间】命令，如图 4-116 所示。

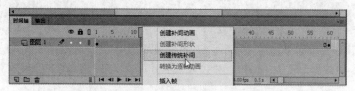

图 4-116　插入关键帧并创建传统补间动画

4 选择传统补间动画范围的任意帧，再打开【属性】面板，设置旋转为【顺时针】，旋转次数为 3，如图 4-117 所示。

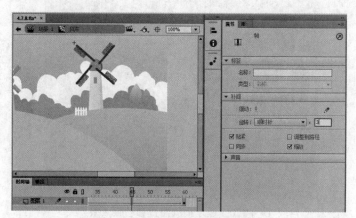

图 4-117　设置传统补间的旋转属性

5 返回场景 1 中，从【库】面板中将【风车】影片剪辑元件拖到舞台左侧的风车图形对象上，然后使用【任意变形工具】等比例缩小【风车】影片剪辑元件，如图 4-118 所示。

图 4-118　加入并缩小【风车】元件

步骤 4 设置旋转属性可以使风车的叶扇进行旋转效果。但需要注意，叶扇元件实例的变形中心必须在实例中央才可以有真实的旋转效果，如图 4-119 所示。

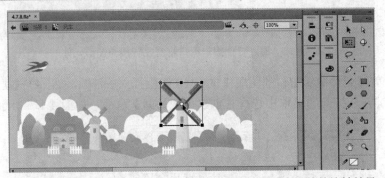

图 4-119　变形中心点在实例的中心位置才可以让实例有最佳的旋转效果

6 按 Ctrl+Enter 键打开 Flash 播放器播放动画，查看风车的叶扇在旋转的效果，如图 4-120 所示。

图 4-120　通过播放器查看动画效果

4.8　评测习题

一、填充题

（1）Flash CC 支持＿＿＿＿＿＿、传统补间和补间形状三种类型的补间动画。

（2）＿＿＿＿＿＿＿＿＿＿是在补间范围中为补间目标对象显示定义一个或多个属性值的帧。

（3）帧频是动画播放的速度，以每秒播放的＿＿＿＿＿＿＿（fps）为度量单位。

（4）＿＿＿＿＿＿＿＿＿＿是与时间轴中的特定帧无任何联系的关键帧。

二、选择题

（1）在 Flash CC 中，不可补间的对象类型是什么？　　　　　　　　　　　　（　　　）

　　A、影片剪辑　　　　B、声音　　　　　　C、文本字段　　　　D、矢量图形

（2）带有黑色箭头和淡绿色背景的起始关键帧处的黑色圆点表示什么？　　　（　）

　　A、补间元件　　　　B、补间形状　　　　C、传统补间　　　　D、姿势图层

（3）当创建补间动画后，包含作用对象的图层转换为什么图层？　　　　　　（　）

　　A. 动作图层　　　　B. 引导图层　　　　C. 补间图层　　　　D. 关键图层

（4）使用什么关键帧可以有助于确保整个补间中的动画速度保持一致？　　　（　）

　　A. 一般关键帧　　　　　　　　　　B. 固定属性关键帧

　　C. 空白关键帧　　　　　　　　　　D. 浮动属性关键帧

三、判断题

（1）在 Flash 中，每个对象可以应用多个动画预设。　　　　　　　　　　　（　）

（2）在时间轴中，帧是用来组织和控制文件的内容。用户在时间轴中放置帧的顺序将决定帧内对象在最终内容中的显示顺序。　　　　　　　　　　　　　　　　　　　（　）

四、操作题

将舞台上的店名标题制作【波形】动画预设的效果，结果如图 4-121 所示。

图 4-121　为店名制作【波形】动画效果

操作提示

（1）打开光盘中的"...\Example\Ch04\4.8.fla"练习文件，选择舞台上的文本对象。

（2）将文本转换成名为【店名】、类型为【影片剪辑】的元件。

（2）打开【动画预设】面板，选择元件实例并应用【波形】动画预设。

第5章 动画创作的高级技巧

学习目标

本章将介绍多种 Flash 动画创作的高级技巧，包括利用形状提示控制的补间形状中的形状变化、创建引导层动画、在动画中应用遮罩层等方法。

学习重点

☑ 了解引导层和应用引导层

☑ 了解遮罩层并应用遮罩层

☑ 了解形状提示并应用形状提示

5.1 为传统补间应用引导层

对于补间动画来说，可以通过修改运动路径使补间对象沿各种形状的路径移动。但对于传统补间来说，需要通过运动引导层辅助控制补间对象的移动。

5.1.1 关于引导层

引导层是一种使其他图层的对象对齐引导层对象的特殊图层。可以在引导层上添加补间对象，然后将其他图层上的对象与引导层上的对象对齐。依照此特性，可以使用引导层控制传统补间中对象移动的动画，如沿弧线路径或波浪曲线路径移动等。

以制作补间对象沿曲线运动的动画为例。首先，创建一个引导层，然后在该层上绘制一条曲线，接着将被引导层上开始关键帧的对象放到曲线一个端点，并将结束关键帧的对象放到曲线的另一个端点，最后创建补间动画，这样在补间动画过程中，对象就根据引导层的特性对齐曲线，整个补间动画过程对象都沿着曲线运动，从而制作出对象沿曲线路径移动的效果，如图5-1 所示。

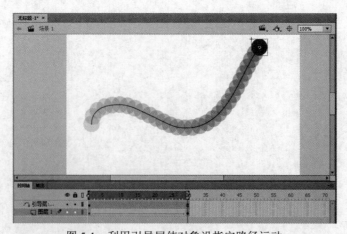

图 5-1　利用引导层使对象沿指定路径运动

问：引导层中作为路径的线条会显示在发布的动画中吗？

答：引导层不会导出，因此引导线不会显示在发布的 SWF 文件中。任何图层都可以作为引导层，图层名称左侧的辅助线图标表明该层是引导层。

5.1.2 引导层使用须知

使用引导层制作对象沿路径运动的补间动画时，需要注意以下三个方面。

1. 引导层与其他图层的配合

插入运动引导层后，可以在运动引导层上绘制曲线或直线线条作为运动路径。当另外一个图层的对象想要沿运动引导层的曲线运动时，就需要将该图层链接到运动引导层（使该图层变成被引导层），使该图层的对象沿运动引导层所包含的曲线进行运动，如图 5-2 所示。

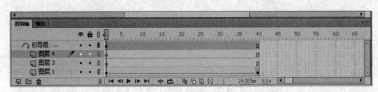

图 5-2　将多个层链接到一个运动引导层

2. 引导层的两种形式

引导层有两种形式：一种是未引导对象的引导层；另一种是已引导对象的引导层，如图 5-3 所示。

（1）未引导对象的引导层会在图层上显示 图示，这种引导层没有组合图层，即没有引导被作用对象的图层，所以不会形成引导线动画。

（2）已经引导对象的引导层会在图层上显示 图示，这种引导层已经组合了图层，可以使被引导层的对象沿着引导线运动。

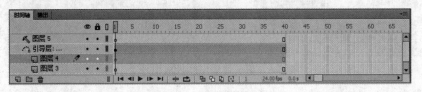

图 5-3　引导层的形式

3. 引导层引导对象的要求

利用引导层制作对象沿引导线运动有三个要求，只要满足了这三个要求，即可为对象制作沿引导线运动的动画。

（1）对象已经为其开始关键帧和结束关键帧之间创建传统补间动画。

（2）对象的中心必须放置在引导线上，如图 5-4 所示。

（3）对象必须是可应用于传统补间的可补间对象。

图 5-4　被引导对象中心必须在引导线上

5.1.3 添加引导层

方法 1 首先选择需要被引导的图层，然后在该图层上单击右键，并从打开的菜单中选择【添加传统运动引导层】命令，如图 5-5 所示。

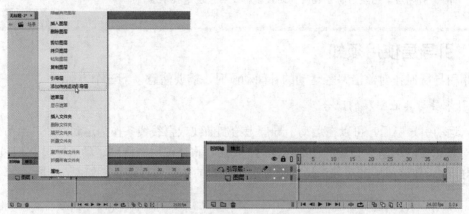

图 5-5 添加引导层

方法 2 首先选择将被转换为引导层的图层，然后单击右键，并从打开的菜单中选择【引导层】命令，此时即可将选定的图层转换为未引导对象的引导层，如图 5-6 所示。

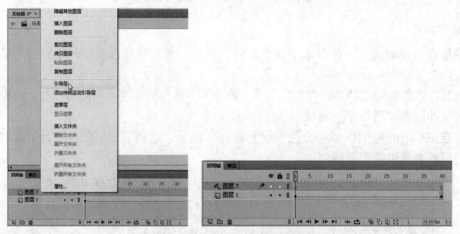

图 5-6 将普通图层转换成引导层

如果想要为引导层添加引导对象图层，则需要将被引导的图层拖到引导层下方，使该图层与引导层链接，此时原来的引导层即可引导对象，如图 5-7 所示。

图 5-7 为引导层链接引导对象的图层

动手操作 制作回旋飞球动画

1 打开光盘中的"...\Example\Ch05\5.1.3.fla"练习文件，选择图层 2 第 50 帧，然后插入关键帧，再将舞台上的【足球】图形元件移到舞台右上角，如图 5-8 所示。

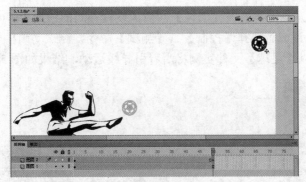

图 5-8　插入关键帧并设置元件的位置

2 选择图层 2 的第 1 帧，然后单击右键并从打开的菜单中选择【创建传统补间】命令，创建传统补间动画，如图 5-9 所示。

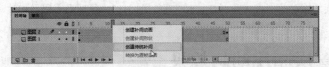

图 5-9　创建传统补间动画

3 选择图层 2，然后在图层 2 上单击右键并从打开的菜单中选择【添加传统运动引导层】命令，添加运动引导层，如图 5-10 所示。

4 在【工具】面板中选择【铅笔工具】，然后在舞台上绘制一条曲线，作为运动路径，如图 5-11 所示。

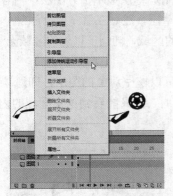

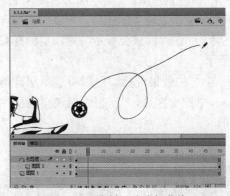

图 5-10　添加传统运动引导层　　　　图 5-11　绘制运动路径曲线

5 选择图层 1 的第 1 帧，再使用【选择工具】将【足球】元件实例移到曲线左端，并且中心放置在曲线上，接着选择图层 1 的第 50 帧，再次使用【选择工具】将【足球】元件实例移到曲线右端，并且中心放置在曲线上，如图 5-12 所示。

图 5-12　设置开始关键帧和结束关键帧下元件实例的位置

6 选择图层 2 任意帧，再打开【属性】面板，设置补间的缓动为-70，如图 5-13 所示。

7 按 Ctrl+Enter 键或者选择【控制】|【测试】命令，测试动画播放效果。因为添加了引导层和引导线，所以【足球】元件实例将沿着引导线运动，结果如图 5-14 所示。

图 5-13　设置补间的缓动值　　　　图 5-14　足球沿着引导线运动

5.2　应用遮罩层制作动画效果

在 Flash 中，可以使用遮罩层显示下方图层内容的部分区域。可以将任何填充形状用作遮罩，包括组、文本和元件。

5.2.1　关于遮罩层

遮罩层是一种可以挖空被遮罩层的特殊图层，可以使用遮罩层显示下方图层中内容的部分区域。例如，图层 1 上是一张图片，可以为图层 1 添加遮罩层，然后在遮罩层上添加一个椭圆形，那么图层 1 的图片就只会显示与遮罩层的椭圆形重叠的区域，椭圆形以外的区域无法显示，如图 5-15 所示。

综合图 5-15 的效果分析，可以将遮罩层理解成一个可以挖空对象的图层，即遮罩层上的椭圆形就是一个挖空区域，当从上往下观察图层 1 的内容时，就只能看到挖空区域的内容，如图 5-16 所示。

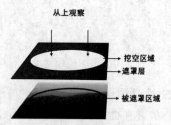

图 5-15　遮罩层的对比效果　　　　图 5-16　遮罩层的原理

在 Flash 中，可以利用遮罩层制作特殊动画效果。如果要获得聚光灯效果和过渡效果，可以使用遮罩层创建一个孔，通过这个孔可以看到下面的图层。

如果要创建动态效果，可以使遮罩层动起来。对于用作遮罩的填充形状，可以使用补间形状；对于类型对象、图形实例或影片剪辑，可以使用补间动画。当使用影片剪辑实例作为遮罩时，可以使遮罩沿着运动路径运动，如图 5-17 所示。

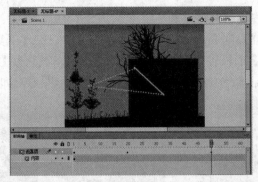

图 5-17　制作遮罩层的元件实例移动的动态效果

5.2.2　遮罩层使用须知

（1）遮罩层上的遮罩项目可以是填充形状、文字对象、图形元件的实例或影片剪辑。可以将多个图层组织在一个遮罩层下创建复杂的效果，如图 5-18 所示。

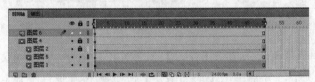

图 5-18　多个图层组织在一个遮罩层下

（2）除了通过遮罩项目显示的内容之外，其余的所有内容都被遮罩层隐藏起来。

（3）一个遮罩层只能包含一个遮罩项目，并且遮罩层不能应用在按钮元件内部，也不能将一个遮罩应用于另一个遮罩。

（4）不能对遮罩层上的对象使用 3D 工具，包含 3D 对象的图层也不能用作遮罩层。

（5）Flash 会忽略遮罩层中的位图、渐变、透明度、颜色和线条样式。在遮罩中的任何填充区域都是完全透明的，而任何非填充区域都是不透明的。

5.2.3　添加遮罩层

方法 1　选择需要作为遮罩层的图层，然后单击右键，并从打开的菜单中选择【遮罩层】命令，此时选定的层将变成遮罩层，而选定的层的下方邻近的层将自动变成被遮罩层，如图 5-19 所示。

方法 2　选择需要转换为遮罩层的图层，然后选择【修改】|【时间轴】|【图层属性】命令，打开【图层属性】对话框后选择【遮罩层】单选按钮，最后单击【确定】按钮即可，如图 5-20 所示。

图 5-19　将选定图层转换为遮罩层

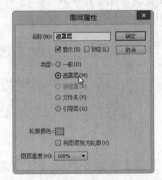

图 5-20　设置图层类型为遮罩层

动手操作　制作序幕左右移开的动画

1 打开光盘中的 "...\Example\Ch05\5.2.3.fla" 练习文件，在【工具】面板上选择【矩形工具】 ，然后打开【属性】面板设置笔触颜色为【无】、填充颜色为【红色】，如图 5-21 所示。

2 新建图层 5，然后在舞台上拖动鼠标绘制出一个矩形图形，如图 5-22 所示。

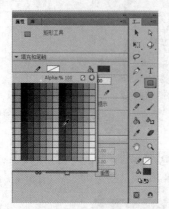

图 5-21　设置矩形工具的属性

图 5-22　新建图层并绘制一个矩形

3 选择舞台上的圆形形状，选择【窗口】|【对齐】命令，打开【对齐】面板，然后选择【与舞台对齐】复选框，分别单击【水平中齐】按钮 和【垂直中齐】按钮 ，如图 5-23 所示。

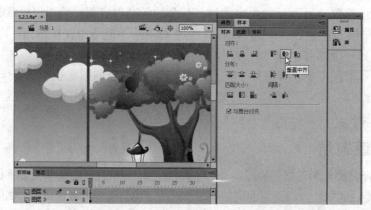

图 5-23　设置矩形的对齐方式

4 选择图层 5 第 21 帧，然后按 F7 键插入空白关键帧，接着选择图层 5 的第 20 帧，再按 F6 键插入关键帧，如图 5-24 所示。

图 5-24　插入空白关键帧和关键帧

5 在【工具】面板中选择【任意变形工具】 ，然后选择矩形右侧的变形框控点，再向外拖动变形控制点，从中心向外扩大矩形宽度，如图 5-25 所示。

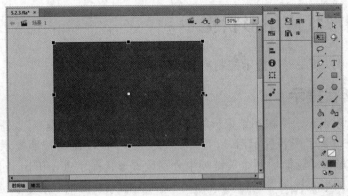

图 5-25　从中心向外扩大矩形宽度

6 选择图层 5 的第 1 帧，然后单击右键并从打开的菜单中选择【创建补间形状】命令，创建补间形状动画，如图 5-26 所示。

7 选择图层 5，然后在图层 5 上单击右键，并从打开的菜单中选择【遮罩层】命令，将图层 5 转换为遮罩层，如图 5-27 所示。

图 5-26　创建补间形状动画

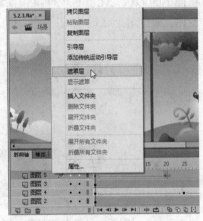

图 5-27　将图层 5 转换为遮罩层

8 将时间轴中图层 3 以下的所有图层拖到图层 3 下边缘，以便将这些图层转换为被遮罩层。完成上述操作后，可以按 Ctrl+Enter 键测试动画播放效果，如图 5-28 所示。

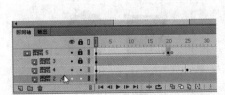

图 5-28　将其他图层转换为被遮罩层并预览动画

5.3 为补间形状应用形状提示

在 Flash 中，可以使用形状提示控制复杂或罕见的形状变化。

5.3.1 关于形状提示

形状提示可以标识开始形状和结束形状中相对应的点，这些标识点，又称为形状提示点。在补间形状动画中设置了形状提示后，前后两个关键帧中的动画将按照提示点的位置进行变换。例如，在补间形状动画前后两个关键帧中分别设置形状提示点 a 和 b，创建补间形状动画后，开始关键帧中的形状提示点 a 和 b，将对应变换至结束关键帧中的形状提示点 a 和 b 上。

使用形状提示的好处是可以更好地控制形状的变化，这种控制在很多复杂形状变化过程中是非常必要的。例如，如果要补间一张正在改变表情的脸部形状时，可以使用形状提示来标记每只眼睛。这样在形状发生变化时，脸部就不会乱成一团，每只眼睛都可以辨认，并在转换过程中分别变化。

如图 5-29 所示为添加形状提示和没有添加形状提示的补间形状变化。从图中可以看出，没有添加形状提示的形状变化没有规律性，而添加了形状提示的形状变化则严格依照提示点标识的位置对象变化。通过对形状提示的应用，可以很好地控制形状的变化，而不会使形状变化过程混乱。

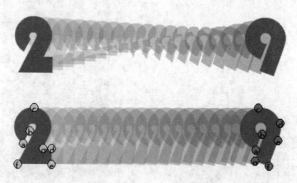

图 5-29　没有使用形状提示与使用形状提示控制形状变化的对比

5.3.2 形状提示使用须知

（1）必须在已经建立形状补间动画的前提下才可以添加形状提示。

（2）形状提示以字母（a 到 z）表示，以识别开始形状和结束形状中相互对应的点，最多可以使用 26 个形状提示。

（3）刚添加到形状上的形状提示为红色，在开始关键帧中的设置好的形状提示是黄色，结束关键帧中设置好的形状提示是绿色，当不在一条曲线上时为红色（即没有对应到的形状提示显示为红色），如图 5-30 所示。

图 5-30　形状提示的颜色

（4）要使用形状提示在补间形状动画时获得最佳效果，需要遵循以下准则：

● 在复杂的补间形状中，需要先创建中间形状再进行补间，而不能只定义开始和结束的形状，如图 5-31 所示。

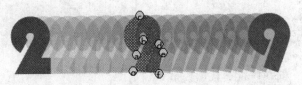

图 5-31 创建中间形状进行补间

● 确保形状提示是符合逻辑的。例如，如果在一个三角形中使用三个形状提示，则在原始三角形和要补间的图形中，它们的顺序必须相同，如图 5-32 所示。

● 按逆时针顺序从形状的左上角开始放置形状提示的效果最好。

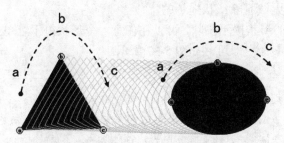

图 5-32 形状提示的位置要符合逻辑

5.3.3 添加、删除与隐藏形状提示

1. 添加形状提示

选择补间形状上的开始关键帧，再选择【修改】|【形状】|【添加形状提示】命令，或者按 Ctrl+Shift+H 键，即可在形状上添加形状提示，如图 5-33 所示。

刚开始添加的形状提示只有 a 点，如果需要添加其他形状提示，可以按 Ctrl+Shift+H 键，也可以选择已经添加的形状提示，然后按住 Ctrl 键并拖动鼠标，即可新添加另外一个形状提示，如图 5-34 所示。

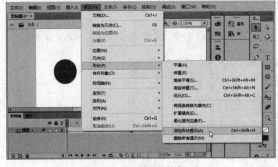

图 5-33 添加形状提示

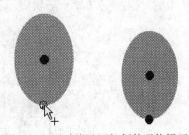

图 5-34 通过拖动添加新的形状提示

2. 设置结束关键帧的形状提示

添加形状提示后，将提示点移到要标记的点，然后选择补间序列中的最后一个关键帧，结

束形状提示会在该形状上显示为一个带有字母的提示点。此时需要将这些形状提示移到结束形状中与开始关键帧标记的形状提示对应的点上，如图 5-35 所示。

图 5-35　设置开始关键帧和结束关键帧的形状提示

3. 删除形状提示

（1）如果要将单个形状提示删除，可以选择该形状提示的点，然后单击右键，在打开的菜单中选择【删除提示】命令即可，如图 5-36 所示。

（2）如果要删除形状提示，需要在开始关键帧的形状上执行删除动作。在结束关键帧的形状上执行删除的操作是无法删除形状提示的。

（3）如果要将所有的形状提示删除，可以在任意一个形状提示上单击右键，从打开的菜单中选择【删除所有提示】命令即可，如图 5-37 所示。

　　当形状提示的某点被删除后，其他的形状提示会自动按照 a~z 的字母顺序显示。例如，形状上包含了 a、b、c 这 3 个形状提示，当删除了 b 后，c 将自动变成 b。另外，开始形状上的形状提示删除后，结束形状上对应的形状提示也会同时被删除。

图 5-36　删除选定的形状提示

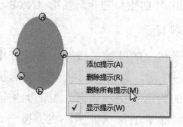

图 5-37　删除所有形状提示

4. 显示与隐藏形状提示

选择【视图】【显示形状提示】命令，可以显示或隐藏形状提示，如图 5-38 所示。

图 5-38　显示和隐藏形状提示

仅当包含形状提示的图层和关键帧处于活动状态下时，【显示形状提示】命令才可用。

动手操作　制作旗帜飘动的动画

1 打开光盘中的"...\Example\Ch05\5.3.3.fla"练习文件，选择图层 1 和图层 2 的第 60 帧，按 F5 键插入帧，然后选择图层 2 的第 60 帧，再按 F6 键插入关键帧，如图 5-39 所示。

图 5-39　插入帧和关键帧

2 选择图层 2 的第 1 帧，再选择【选择工具】，使用该工具选择三边形右侧的角点，并将角点向下移动，接着向上移动三边形的两条边，以修改其形状，如图 5-40 所示。

3 选择图层 2 的第 60 帧，然后使用【选择工具】修改三边形的形状，如图 5-41 所示。

图 5-40　修改第 1 帧三边形的形状

图 5-41　修改第 60 帧三边形的形状

4 选择图层 2 的任意帧，单击右键并从打开的菜单中选择【创建补间形状】命令，如图 5-42 所示。

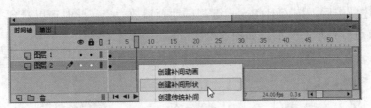

图 5-42　创建补间形状

5 选择图层 2 的第 1 帧，再选择【修改】|【形状】|【添加形状提示】命令，添加第一个形状提示后，将该提示（a）移到三边形左上角上，如图 5-43 所示。

6 选择形状提示点 a，然后按住 Ctrl 键拖动新增形状提示点 b，并将 b 点放置在三边形的上边缘中央的位置。使用相同的方法，添加多个形状提示，并分别调整它们的位置。接着根据第 1 帧的形状提示位置，分别调整第 60 帧的形状提示所对应的点的位置，如图 5-44 所示。

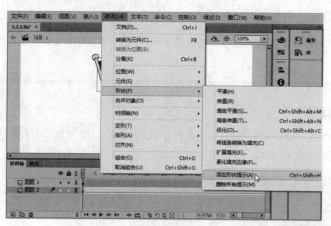

图 5-43　添加形状提示并设置位置

图 5-44　添加多个形状提示并设置开始与结束关键帧的位置

　　　问：为什么结束关键帧上形状的形状提示设置后，开始关键帧中形状的形状提示点变成黄色了？

　　答：当结束关键帧中的形状提示设置与开始关键帧的形状提示匹配时，开始关键帧中原来红色的形状提示变成黄色，如图 5-45 所示。

7 完成上述操作后，按 Ctrl+Enter 键测试动画播放效果。此时可以看到三边形旗帜按照形状提示的设置进行合理的变形，如图 5-46 所示。

图 5-45　开始关键帧的形状提示为黄色　　　图 5-46　通过播放器查看动画效果

154

5.4 技能训练

下面通过多个上机练习实例，巩固所学知识。

5.4.1 上机练习 1：随风飞行的纸飞机

本例先将舞台上的纸飞机组合对象转换为图形元件，然后创建纸飞机从舞台右下方移到舞台左上方的传统补间动画，接着添加传统运动引导层并绘制运动曲线，再设置元件实力的中心位于曲线上，最后设置传统补间动画属性和调整元件实例在开始关键帧的角度。

操作步骤

1 打开光盘中的"...\Example\Ch05\5.4.1.fla"练习文件，选择舞台上的纸飞机组合对象，再按 F8 键打开【转换为元件】对话框，然后设置名称和类型并按下【确定】按钮，如图 5-47 所示。

2 在图层 1 第 80 帧上按 F6 键插入关键帧，然后将【纸飞机】元件实例移到舞台左上方，如图 5-48 所示。

图 5-47 将组合对象转换为元件

图 5-48 插入关键帧并调整元件实例位置

3 选择【任意变形工具】 ，选择舞台左上方的【纸飞机】元件实例，然后等比例缩小实例，接着选择图层 2 的第 1 帧并单击右键，从菜单中选择【创建传统补间】命令，如图 5-49 所示。

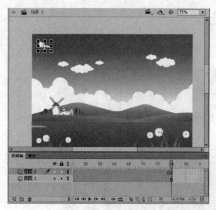

图 5-49 调整实例大小并创建传统补间动画

4 选择图层 2 并单击右键，从菜单中选择【添加传统运动引导层】命令，再使用【铅笔工具】 在引导层上绘制一条曲线，如图 5-50 所示。

图 5-50　添加引导层并绘制曲线

5 选择图层 2 的第 1 帧，使用【选择工具】 将元件实例的中心移到曲线右端点上，然后选择图层 2 的第 80 帧，再次使用【选择工具】 将元件实例的中心移到曲线左端点上，如图 5-51 所示。

图 5-51　设置开始关键帧和结束关键帧的实例位置

6 选择图层 2 的任意帧，打开【属性】面板，选择【调整到路径】复选框，然后选择【任意变形工具】 ，并选择图层 2 第 1 帧上的元件实例，适当调整该实例的角度，如图 5-52 所示。

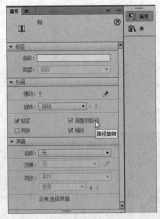 

图 5-52　应用调整到路径属性并旋转实例

7 按 Ctrl+Enter 键测试动画播放效果，如图 5-53 所示。

图 5-53　播放动画

5.4.2　上机练习 2：盘旋后飞走的飞碟

本例先将舞台上的飞碟组合对象转换为元件，然后创建传统补间动画并添加传统运动引导层，再使用【钢笔工具】绘制运动路径曲线，接着将开始关键帧和结束关键帧的元件实例分别放置在曲线两端，并设置传统补间的缓动属性。

操作步骤

1 打开光盘中的 "...\Example\Ch05\5.4.2.fla" 练习文件，选择舞台上的飞碟组合对象，再按 F8 键打开【转换为元件】对话框，然后设置名称和类型并按下【确定】按钮，如图 5-54 所示。

2 在图层 2 的第 100 帧上插入关键帧，然后将该关键帧中的元件实例移到舞台左上方，如图 5-55 所示。

图 5-54　将组合对象转换为元件

图 5-55　插入关键帧并调整实例的位置

3 选择图层 2 任意帧并单击右键，从菜单中选择【创建传统补间】命令，如图 5-56 所示。

4 选择图层 2 并单击右键，从菜单中选择【添加传统运动引导层】命令，如图 5-57 所示。

图 5-56　创建传统补间动画

图 5-57　添加引导层

5 在【工具】面板中选择【钢笔工具】 ，然后按照如图 5-58 所示的过程在引导层上绘制运动曲线。

图 5-58　绘制运动路径曲线

6 选择图层 2 的第 1 帧，使用【选择工具】 将元件实例的中心移到曲线右端点上，然后选择图层 2 的第 100 帧，再次使用【选择工具】 将元件实例的中心移到曲线左端点上，如图 5-59 所示。

图 5-59　设置开始关键帧和结束关键帧中实例的位置

7 选择图层 2 的任意帧，打开【属性】面板，并设置缓动值为-100，如图 5-60 所示。

8 按 Ctrl+Enter 键测试动画播放效果，如图 5-61 所示。

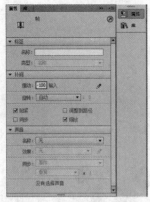

图 5-60 设置缓动属性　　　　　图 5-61 通过播放器测试动画

5.4.3 上机练习 3：泄气并飞走的气球

本例先在气球元件实例所在的图层插入关键帧并调整实例的位置和大小，然后新建图层并绘制一条平滑的曲线，再将新建的图层转换为引导层并将气球所在的图层设置为被引导层，接着调整曲线和实例的位置，使开始关键帧和结束关键帧中实例的中心处于曲线的两端，最后创建传统补间动画并设置属性，再设置结束关键帧中实例为完全透明。

操作步骤

1 打开光盘中的"...\Example\Ch05\5.4.3.fla"练习文件，分别选择图层 1 和图层 2 的第 60 帧，再按 F5 键插入帧，如图 5-62 所示。

图 5-62 为图层插入帧

2 选择图层 2 的第 60 帧并插入关键帧，然后将该关键帧中【气球】元件实例移到舞台右上方，再使用【任意变形工具】 等比例缩小实例，如图 5-63 所示。

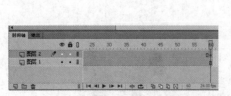

图 5-63 插入关键帧并调整实例位置和大小

3 在【时间轴】面板中单击【新增图层】按钮，在图层 2 上方新建图层 3，然后使用

【铅笔工具】 在图层 3 上绘制一条曲线，如图 5-64 所示。

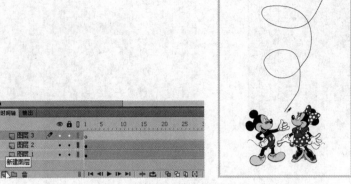

图 5-64 新建图层并绘制曲线

4 选择图层 3 并单击右键，从菜单中选择【引导层】命令，将图层 3 转换为引导层，接着将图层 2 移到图层 3 下方，作为图层 3 的被引导层，如图 5-65 所示。

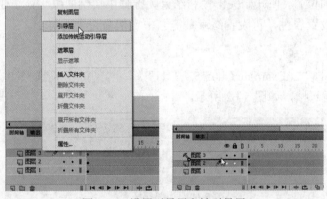

图 5-65 设置引导层和被引导层

5 使用【选择工具】 双击曲线将曲线选中，然后根据【气球】元件实例的中心调整曲线位置，再设置结束关键帧中【气球】元件实例的中心位于曲线上端，如图 5-66 所示。

图 5-66 调整曲线位置和实例位置

6 选择图层 2 任意帧并创建传统补间动画，再打开【属性】面板，设置缓动为-00，然后选择【调整到路径】复选框，接着选择第 60 帧上的【气球】元件实例，通过【属性】面板设置实例的 Alpha 为 0%，如图 5-67 所示。

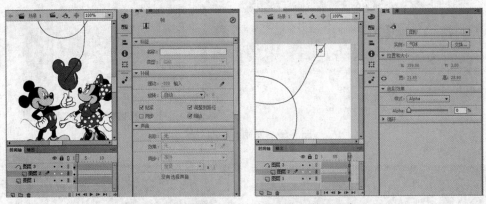

图 5-67　创建传统补间并设置实例的透明度

7 按 Ctrl+Enter 键测试动画播放效果，如图 5-68 所示。

图 5-68　通过播放器查看动画效果

5.4.4　上机练习 4：相爱的米老鼠遮罩动画

本例先通过复制和粘贴的方法重制出舞台上的组合对象，并将组合对象转换为影片剪辑元件，然后创建传统补间动画，制作出影片剪辑元件实例从小到大的变化，最后将实例所在的图层转换为遮罩层。

操作步骤

1 打开光盘中的 "...\Example\Ch05\5.4.4.fla" 练习文件，选择舞台上的组合对象并单击右键，从菜单中选择【复制】命令，然后在时间轴上新建图层 2，接着选择图层 2 的第 1 帧并在舞台单击右键，从菜单中选择【粘贴到当前位置】命令，如图 5-69 所示。

2 选择粘贴生成的对象并单击右键，从菜单中选择【转换为元件】命令，打开【转换为元件】对话框后设置名称和类型并单击【确定】按钮，如图 5-70 所示。

3 选择图层 2 的第 1 帧，再选择【任意变形工具】，使用该工具等比例缩小舞台上的元件实例，如图 5-71 所示。

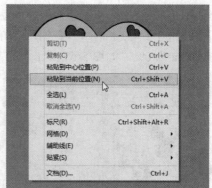

图 5-69　复制并粘贴对象

图 5-70　将对象转换为元件

图 5-71　等比例缩小第 1 帧的元件实例

4 选择图层 2 的任意帧，单击右键并选择【创建传统补间】命令，如图 5-72 所示。

5 选择图层 2 并单击右键，从打开的菜单中选择【遮罩层】命令，将图层 2 转换为遮罩层，如图 5-73 所示。

图 5-72　创建传统补间动画

图 5-73　应用遮罩层

6 分别选择图层 1 和图层 2 的第 100 帧，然后按 F5 键插入帧，接着按 Ctrl+Enter 键打开 Flash 播放器，观看动画的效果，如图 5-74 所示。

图 5-74　插入帧并播放动画

5.4.5　上机练习 5：醉汉头晕晕的卡通动画

本例先将舞台上的星星对象转换为影片剪辑元件，再进入影片剪辑编辑窗口将星星对象转换为图形元件，然后利用【椭圆工具】绘制一个椭圆框并使用【橡皮擦工具】擦出椭圆框部分笔触，接着将星星图形元件实例分别放置在椭圆框两头并创建传统补间动画，最后制作成星星沿着椭圆框运动的引导层动画。

操作步骤

1 打开光盘中的 "...\Example\Ch05\5.4.5.fla" 练习文件，选择舞台上的星星对象，打开【转换为元件】对话框将对象转换为影片剪辑元件，然后双击影片剪辑元件实例进入编辑窗口，再次通过【转换为元件】对话框将星星对象转换为图形元件，如图 5-75 所示。

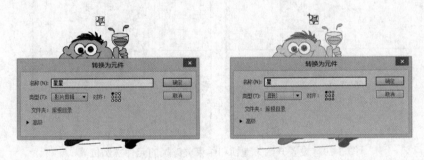

图 5-75　将对象转换为元件

2 在影片剪辑编辑窗口的时间轴上新建图层 2，再分别在图层 1 和图层 2 的第 30 帧上插入帧，然后在【工具】面板选择【椭圆工具】，通过【属性】面板设置笔触颜色为【黑色】、填充颜色为【无】，如图 5-76 所示。

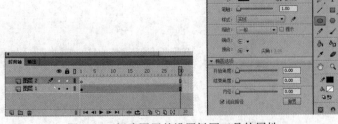

图 5-76　新建图层并设置椭圆工具的属性

3 选择图层 2 的第 1 帧，使用【椭圆工具】 在卡通人物头顶上方的位置绘制一个椭圆框，然后选择【任意变形工具】 适当旋转椭圆框，如图 5-77 所示。

4 在【工具】面板中选择【橡皮擦工具】 并设置橡皮擦形状选项，然后擦除椭圆框左侧的部分笔触，如图 5-78 所示。

图 5-77 绘制椭圆框并旋转　　　　　　　　　图 5-78 擦除椭圆框部分笔触

5 选择图层 1 的第 1 帧，将图形元件实例的中心移到椭圆框的端点上，然后选择图层 1 的第 30 帧并插入关键帧，将图形元件实例的中心移到椭圆框的另一端点上，如图 5-79 所示。

图 5-79 设置开始关键帧和结束关键帧的元件实例位置

6 选择图层 2 并单击右键，从菜单中选择【引导层】命令，将图层 2 转换为引导层后，将图层 1 移到图层 2 的下方，作为被引导层，最后为图层 1 创建传统补间动画，如图 5-80 所示。

图 5-80 设置引导层和被引导层

7 返回场景 1 中，选择舞台上的元件实例，单击右键并选择【剪切】命令，然后在时间轴上新建图层 2，选择图层 2 的第 1 帧并在舞台上单击右键，从菜单中选择【粘贴到当前位置】命令，如图 5-81 所示。

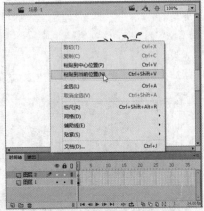

图 5-81　剪切并粘贴元件实例

8 按 Ctrl+Enter 键打开 Flash 播放器，观看动画的效果，如图 5-82 所示。

图 5-82　查看动画效果

5.4.6　上机练习 6：为场景之间制作切换动画

本例先在场景 2 中绘制一个星形对象，然后插入多个关键帧并为各个关键帧设置图形对象的形状，接着创建补间形状动画并使用形状提示控制形状的变化，最后将形状所在的图层转换成遮罩层，制作出两个场景之间的遮罩切换动画效果。

操作步骤

1 打开光盘中的 "...\Example\Ch05\5.4.6.fla" 练习文件，切换到场景 2，按住 Ctrl 键选择场景 2 中所有图层的第 1 帧，将帧移到第 20 帧中，然后选择【多角星形工具】并设置工具的属性，如图 5-83 所示。

2 在时间轴上新建图层 2，然后使用【多角星形工具】在舞台上绘制一个五角星图形对象，打开【对齐】面板，选择【与舞台对齐】复选框，并分别单击【垂直中齐】按钮和【水平中齐】按钮，使图形对象处于舞台的中央，如图 5-84 所示。

图 5-83　调整帧的位置并设置多角星形工具属性

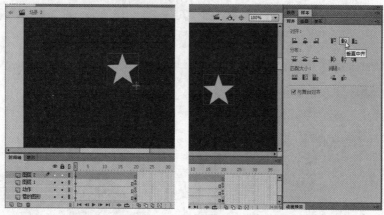

图 5-84　绘制图形并对齐图形

3 在图层 2 的第 10 帧上插入关键帧，然后使用【任意变形工具】等比例放大图形对象，如图 5-85 所示。

图 5-85　插入关键帧并扩大图形

4 在图层 2 的第 20 帧上插入关键帧，然后选择【部分选取工具】，并使用该工具修改五角星图形的形状，使之完全遮挡舞台，如图 5-86 所示。

图 5-86　插入关键帧并修改图形形状

5 选择图层 2 各个关键帧之间的帧，单击右键并从菜单中选择【创建补间形状】命令，然后选择图层 2 第 10 帧，再按 Ctrl+Shift+H 键添加形状提示，如图 5-87 所示。

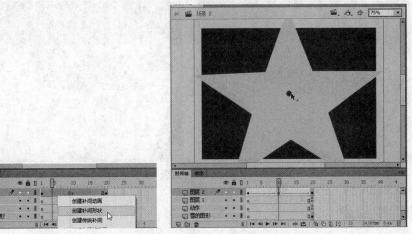

图 5-87　创建补间形状并添加形状提示

6 按住 Ctrl 键选择并拖动第一个形状提示以添加第二个形状提示，使用相同的方法添加多个形状提示，并将形状提示分别放置在五角星的角点上，然后选择图层 2 的第 20 帧，再按照五角星角点的分别放置好形状提示，如图 5-88 所示。

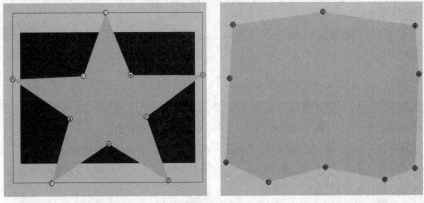

图 5-88　添加多个形状提示并设置开始关键帧和结束关键帧中形状提示的位置

7 按住 Ctrl 键的同时选择【雪的图形】图层和【背景】图层的第 20 帧，然后将帧拖回到第 1 帧，接着选择【图层 2】并单击右键，从打开的菜单中选择【遮罩层】命令，再将其他图层移到遮罩层下作为被遮罩层，如图 5-89 所示。

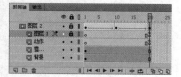

图 5-89　调整帧并设置遮罩层

8 按 Ctrl+Enter 键测试两个场景过渡时的遮罩切换动画效果，如图 5-90 所示。

图 5-90　通过播放器查看动画效果

5.5　评测习题

一、填充题

（1）"形状提示"功能可以标识起始形状和结束形状中相对应的点，这些标识点，又称为_____。

（2）形状提示以字母表示，以识别开始形状和结束形状中相互对应的点，最多可以使用_____个形状提示。

（3）一个遮罩层只能包含一个遮罩项目，并且遮罩层不能应用在_____内部，也不能将一个遮罩应用于另一个遮罩。

二、选择题

（1）添加形状提示的快捷键是什么？　　　　　　　　　　　　　　　　　　　　（　　）

　　A. Ctrl+Shift+F　　　B. Ctrl+Alt+H　　　C. Ctrl+Shift+H　　　D. Shift+H

（2）在 Flash CC 中，用户最多可以为同一个形状添加多少个形状提示点？　　（　　）

　　A. 10 个　　　　　B. 26 个　　　　　C. 35 个　　　　　D. 80 个

（3）引导层有哪两种形式？　　　　　　　　　　　　　　　　　　　　　　　（　　）

　　A. 未引导对象和已引导对象　　　　　　B. 单个引导对象和多个引导对象

C. 有引导线和没有引导线　　　　D. 未引导对象和没有引导线

（4）利用引导层制作对象沿引导线运动的动画中，被引导对象不能是什么？　　　（　　）

A. 影片剪辑元件　　　　　　　　B. 图形元件

C. 按钮元件　　　　　　　　　　D. 形状

三、判断题

（1）遮罩层是一种帮助用户让其他图层的对象对齐引导层对象的一种特殊图层。（　　）

（2）遮罩层的遮罩项目可以是填充形状、文字对象、图形元件的实例或影片剪辑。（　　）

（3）添加形状提示，必须在已经建立形状补间动画的前提下才可以进行。　　　（　　）

四、操作题

绘制一个圆形，然后将圆形所在的图层转换为遮罩图层，接着制作圆形从小到大的传统补间动画，使圆形从小到大的过程中逐渐显示舞台的内容，结果如图 5-91 所示。

图 5-91　制作遮罩层动画的效果

操作提示

（1）打开光盘中的"...\Example\Ch05\5.5.fla"练习文件，在【工具】面板上选择【椭圆形工具】🔘，然后打开【属性】面板设置笔触颜色为【无】、填充颜色为【红色】。

（2）选择图层 2，然后按住 Shift 键在舞台上拖动鼠标，绘制一个正圆形。

（3）选择舞台上的圆形形状，选择【窗口】|【对齐】命令，打开【对齐】面板，然后选择【与舞台对齐】复选框，接着分别单击【水平中齐】按钮🎛和【垂直中齐】按钮▮。

（4）选择图层 1 和图层 2 的第 20 帧，然后按 F5 键插入帧，接着选择图层 2 的第 20 帧，再按 F6 键插入关键帧。

（5）在【工具】面板中选择【任意变形工具】🎛，然后选择圆形，再同时按住 Shift 键和 Alt 键向外拖动变形控制点，等比例从中心向外扩大圆形，使圆形完全遮挡舞台。

（6）选择图层 2 的第 1 帧，然后单击右键并从打开的菜单中选择【创建补间形状】命令，创建补间形状动画。

（7）选择图层 2，然后在图层 2 上单击右键，并从打开的菜单中选择【遮罩层】命令，将图层 2 转换为遮罩层，最后在图层 1 和图层 2 的第 80 帧上插入帧。

第 6 章　在动画中应用文本

学习目标

Flash CC 包含了多种文本类型，不同类型的文本有不同的特性，在创作动画的过程中，可以按照需要应用不同类型的文本。本章将详细介绍在 Flash 中输入与编辑文本、设置文本属性、应用动态文本和输入文本等方法和技巧。

学习重点

☑ 应用文本的基础知识
☑ 创建各种类型文本的方法
☑ 编辑与调整静态文本的方法
☑ 设置文本属性的方法
☑ 分离文本和设置文本滚动的方法
☑ 利用动态文本与输入文本设计特殊效果

6.1　文本的应用基础

文本以编码的形式在 Flash 中保存和显示，它是 Flash 动画不可缺少的一部分。

6.1.1　关于 Flash 文本引擎

1. TLF 文本引擎和传统文本引擎

在 Flash CC 中使用的文本引擎名称叫做传统文本。在旧版本 Flash CS5 和 Flash CS6 中，曾经引入一种新文本引擎——Text Layout Framework（TLF），但这种文本引擎在 Flash CC 中已经被弃用。如图 6-1 所示，为在 Flash CS6 中通过【属性】面板选择使用 TLF 文本。

TLF 文本引擎支持更多丰富的文本布局功能和对文本属性的精细控制，与以前的文本引擎（现在称为传统文本）相比，TLF 文本可加强对文本的控制。

虽然如此，但是传统文本对于某类内容而言可能更好一些，例如用于移动设备的内容，可以使 SWF 文件大小保持在最小限度。

2. 是传统文本引擎的概念

传统文本引擎（术语称为 Flash Type），是 Flash CC 内置的文本显示引擎，它可以在 Flash 创作环境和发布文件中清晰地显示高质量的文本。传统文本引擎具备消

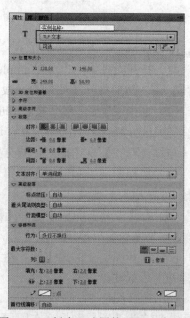

图 6-1　旧版本可选用的 TLF 文本引擎

除锯齿功能，通过自定义消除锯齿选项，可以指定在各个文本中使用的字体粗细和字体清晰度。在使用较小字体呈现文本时，传统文本引擎极大地改善了文本的可读性。

在使用 Flash Player 10 以上播放器版本，并且消除锯齿模式是【可读性消除锯齿】或【自定义消除锯齿】时，传统文本引擎便会自动启用。

在下列情况中，传统文本引擎将被禁用。

（1）选定的 Flash Player 版本是 Flash Player 7 或更低版本。

（2）选择的消除锯齿选项不是【可读性消除锯齿】或【自定义消除锯齿】。

（3）文本被倾斜或翻转。

（4）FLA 文件导出为图像文件。

在 Flash CC 中，使用【文本工具】创建的文本都是使用传统文本引擎，可以通过【属性】面板设置文本相关属性，如图 6-2 所示。

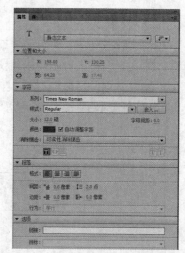

图 6-2　传统文本引擎的【属性】面板

6.1.2　传统文本的文本类型

在 Flash 中，根据来源不同可以将文本划分为静态文本、动态文本、输入文本 3 种类型。

1. 静态文本

静态文本类型只能通过 Flash 的【文本工具】T创建。静态文本用于比较短小并且不会更改（而动态文本则会更改）的文本，可以将静态文本看做是类似于使用 Flash 创作工具在舞台上绘制的圆或正方形的一种图形元素。默认情况下，使用【文本工具】T在舞台上输入的文本，属于静态文本类型。

2. 动态文本

动态文本类型包含从外部源（例如文本文件、XML文件以及远程 Web 服务）加载的内容，即可以从其他文件中读取文本内容。动态文本具有文本更新功能，利用此功能可以显示股票报价或天气预报等文本。

3. 输入文本

输入文本类型是指输入的任何文本或可以编辑的动态文本。例如，可以创建一个【输入文本】类型的文本字段，浏览者可以在文本字段内输入文本，如图 6-3 所示。

图 6-3　在文本字段中输入文本

6.1.3　文本字段类型及其标识

1. 字段类型

因为 Flash 具有静态、动态和输入 3 种传统文本类型，所以同样可以创建静态、动态和输入 3 种类型的文本字段，这 3 种文本字段的作用如下：

● 静态文本字段：显示不会动态更改字符的文本。

● 动态文本字段：显示动态更新的文本，如股票报价或天气预报。
● 输入文本字段：可以在表单或调查表中输入文本。

2. 字段标识

在创建静态文本、动态文本或输入文本时，可以将文本放在单独的一行字段中，该行会随着键入的文本而扩大；还可以将文本放在定宽字段（适用于水平文本）或定高字段（适用于垂直文本）中，这些字段同样会根据输入的文本而自动扩大和折行。

Flash 在文本字段的一角显示一个手柄，用以标识该文本字段的类型：

（1）对于可扩大的静态水平文本，会在该文本字段的右上角出现一个圆形手柄，如图 6-4 所示。

可扩大的静态水平文本

图 6-4　可扩大的静态文本字段

（2）对于固定宽度的静态水平文本，会在该文本字段的右上角出现一个方形手柄，如图 6-5 所示，只需使用【文本工具】在舞台上拖出文本框，即可创建这种类型的文本字段。

固定宽度的静态水平文本

图 6-5　固定宽度的静态文本字段

（3）对于文本方向为【垂直，从右向左】，并且可以扩大的静态文本，会在该文本字段的左下角出现一个圆形手柄，如图 6-6 所示。

（4）对于文本方向为【垂直，从右向左】，并且固定高度的静态文本，会在该文本字段的左下角出现一个方形手柄，如图 6-7 所示。

图 6-6　从右到左并可扩展的垂直静态文本字段　　　图 6-7　从右到左并固定高度的垂直静态文本字段

（5）对于文本方向为【垂直，从左向右】并且可以扩大的静态文本，会在该文本字段的右下角出现一个圆形手柄，如图 6-8 所示。

（6）对于文本方向为【垂直，从左向右】并且固定高度的静态文本，会在该文本字段的右下角出现一个方形手柄，如图 6-9 所示。

图 6-8　从左到右并可扩展的垂直静态文本字段　　　图 6-9　从左到右并固定高度的垂直静态文本字段

（7）对于可扩大的动态或输入文本字段，会在该文本字段的右下角出现一个圆形手柄，如图 6-10 所示。

（8）对于具有定义的高度和宽度的动态或输入文本，会在该文本字段的右下角出现一个方形手柄，如图 6-11 所示。

图 6-10　可扩大的动态或输入文本字段 　　　　图 6-11　固定宽高的动态或输入文本字段

（9）对于动态可滚动文本字段，圆形或方形手柄会变成实心黑块而不是空心手柄，如图 6-12 所示。如果要设置文本的可滚动性，可以打开【文本】菜单，然后选择【可滚动】命令。

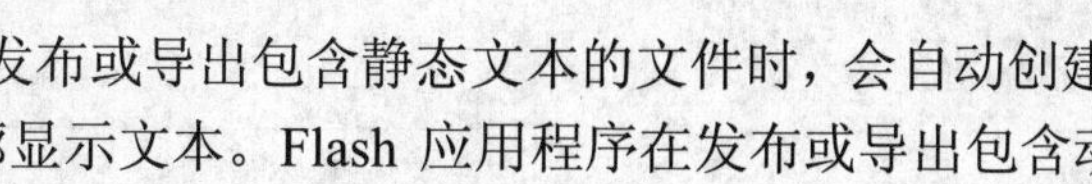

图 6-12　动态可滚动文本字段

6.1.4　文本轮廓和设备字体

1. 关于文本轮廓

Flash 应用程序在发布或导出包含静态文本的文件时，会自动创建文本的轮廓，并在 Flash Player 中使用这些轮廓显示文本。Flash 应用程序在发布或导出包含动态或输入文本字段的文件时，会存储文本的字体类型信息，当播放 Flash 影片时，使用这些字体类型信息在用户的计算机中查找相同或近似的字体。

2. 预览文本轮廓

并非所有的字体都可以作为轮廓随 Flash 影片发布。在菜单栏中选择【视图】|【预览模式】|【消除文字锯齿】命令并预览文本，验证字体是否能被导出如图 6-13 所示。如果文本边缘出现锯齿，则表明 Flash 不能识别该字体轮廓，因而将不会导出文本。

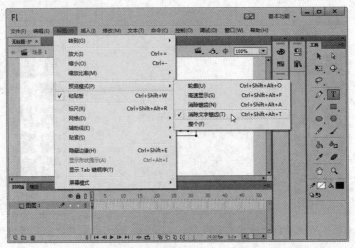

图 6-13　使用【消除文字锯齿】模式进行预览

3. 使用设备字体

在 Flash 中，可以使用设备字体作为创建文本轮廓的替代方式，但这仅适用于静态水平文本。设备字体并不会嵌入到 Flash 影片中。相反，Flash Player 会使用计算机中与设备字体最相近的字体显示文本。因为并未嵌入设备字体信息，所以使用设备字体生成的 SWF 文件体积更小。此外，设备字体在小磅值（小于 10 磅）时比文本轮廓更清晰易读。但是，由于设备字体并未嵌入到文件中，如果用户的计算机中未安装与该设备字体对应的字体，文本看起来可能会与预料中的不同。

Flash 应用程序包括三种设备字体：_sans（类似于 Helvetica 或 Arial 字体）、_serif（类似于 Times Roman 字体）和_typewriter（类似于 Courier 字体）。可以在【属性】面板中选择任意一种 Flash 设备字体，如图 6-14 所示。

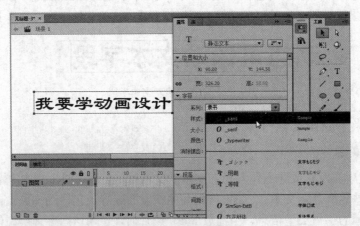

图 6-14　选择设备字体

6.2　创建与编辑文本

在 Flash 中应用文本时，可以说是创建文本字段和添加文本内容，然后根据设计的需要编辑文本。

6.2.1 向舞台添加静态文本

动手操作 向舞台添加静态文本

1 在【工具】面板中选择【文本工具】 ⊤ 。

2 从【属性】面板顶部的【文本类型】列表框中选择【静态文本】文本类型，如图 6-15 所示。

3 仅对于静态文本：在【属性】面板的【文本方向】列表框中为文本方向和文本流向选择一个方向（默认设置为【水平】），如图 6-16 所示。

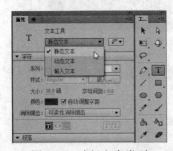

图 6-15 选择文本类型

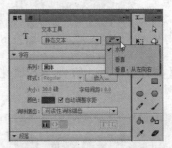

图 6-16 设置文本方向

4 在舞台上，执行下列操作之一：

（1）要创建在一行中显示文本的文本字段，可以单击文本的起始位置。

（2）要创建定宽（对于水平文本）或定高（对于垂直文本）的文本字段，可以将指针放在文本的起始位置，然后拖到所需的宽度或高度。

5 按需要在文本字段中输入文本内容，如图 6-17 所示。

6 在【属性】面板中设置文本属性，如图 6-18 所示。

 问： 如果创建的文本字段在键入文本时延伸到舞台边缘以外，文本会丢失吗？

答： 文本不会丢失。如果要使手柄再次可见，可添加换行符，移动文本字段。

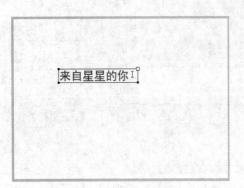

图 6-17 输入文本内容

图 6-18 设置文本属性

动手操作　输入横幅的文本内容

1 打开光盘中的"...\Example\Ch06\6.2.1.fla"练习文件，在【工具】面板中选择【文本工具】T，选择文本类型为【静态文本】，然后在舞台上单击创建可扩大的文本字段，如图 6-19所示。

图 6-19　创建文本字段

2 打开【属性】面板，设置文本属性，然后利用输入法输入文本即可，结果如图 6-20所示。

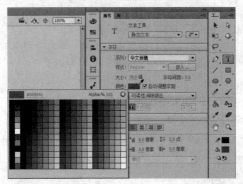
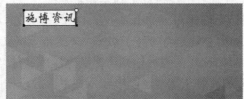

图 6-20　设置文本属性并输入文本

3 在【工具】面板中选择【文本工具】T，然后在舞台上拖动鼠标创建出固定宽度的文本字段，如图 6-21 所示。

4 通过【属性】面板设置文本属性，接着利用输入法输入文本即可。如果输入的文本长度超过文本字段在水平方向上可容纳的长度，文本将自动换行，如图 6-22 所示。

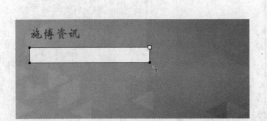
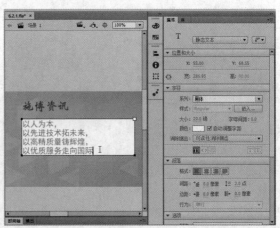

图 6-21　创建出固定宽度的文本字段　　　　图 6-22　设置文本属性并输入文本

6.2.2 选择文本字段和字符

1. 选择文本字段

在【工具】面板中选择【选择工具】 ▶，使用该工具单击一个文本字段即可选择字段。按住 Shift 键并单击可选择多个文本字段，如图 6-23 所示。

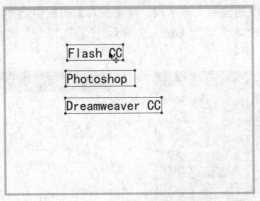

图 6-23 选择多个文本字段

2. 选择文本字符

在【工具】面板中选择【文本工具】 T，然后执行下列操作之一：

（1）在文本字段内通过拖动选择字符。

（2）双击选择一个单词。

（3）单击指定选定内容的开头，然后按住 Shift 键单击指定选定内容的末尾，可以选择开始与末尾部分的文本字符，如图 6-24 所示。

（4）单击文本字段后，按 Ctrl+A 键选中字段中的所有文本。

图 6-24 选择指定的字符内容

6.2.3 创建动态和输入文本字段

动态文本类型允许调用和更新显示的内容，输入文本类型则允许在文本字段中输入内容，通过这两种文本，可以实现许多交互功能。

动态文本和输入文本是可以变化的，这两种文本的信息往往用于 Flash 的 ActionScript 编程中。它们的特定作用如下。

● 用户输入：允许用户编辑文本内容，接受用户输入信息所触发的动作，提交信息和处理信息。动态文本和输入文本可以提供与 HTML 窗体不并行的交互。

● 更新信息：可以在特殊的影片中提供实时跟踪和显示信息的方法。

● 密码字段：将正常的文本内容转换为密码字段，使输入的内容在文本框中显示为星号隐藏，和常见的密码输入框功能一样。

创建动态文本字段与输入文本字段的方法差不多，只是在添加文本字段前先设置文本类型为【动态文本】或【输入文本】。

方法 1 创建可扩大的文本字段并输入文本字符。在【工具】面板中选择【文本工具】 T ，然后按 Ctrl+F3 键打开【属性】面板，设置文本类型为【动态文本】，在舞台上单击创建可扩大的文本字段，利用输入法在动态文本字段内输入文本字符，如图 6-25 所示。

方法 2 创建固定宽度的输入文本字段。在【工具】面板中选择【文本工具】 T ，然后打开【属性】对话框，设置文本类型为【输入文本】，接着在舞台上拖动鼠标创建出固定宽度的文本字段即可，如图 6-26 所示。

图 6-25　创建动态文本

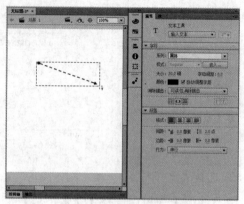

图 6-26　创建输入文本字段

6.3　设置文本的属性

添加文本或创建文本字段后，可以设置文本的字体和段落属性。字体属性包括字体系列、点值、样式、颜色、字母间距、自动字距微调和字符位置。段落属性包括对齐、边距、缩进和行距。

（1）静态文本的字体轮廓将导出到发布的 SWF 文件中。水平静态文本可以使用设备字体，而不必导出字体轮廓。

（2）对于动态文本或输入文本，Flash 存储字体的名称，Flash Player 在用户系统上查找相同或相似的字体。另外，也可以将字体轮廓嵌入到动态或输入文本字段中，嵌入的字体轮廓可能会增加文件大小，但可确保用户获得正确的字体信息。

6.3.1　设置文本基本属性

在创建新文本时，Flash 使用【属性】面板当前设置的文本属性。选择现有的文本时，可以使用【属性】面板更改字体、点值、样式、颜色、字符间距等基本属性。

1. 设置字体、点值、样式和颜色

动手操作　设置字体、点值、样式和颜色

1 使用【选择工具】 ↖ 选择舞台上的一个或多个文本字段。

2 打开【属性】面板，从【系列】菜单中选择一种字体或者输入字体名称，如图 6-27 所示。其中_sans、_serif、_typewriter 和设备字体只能用于静态水平文本。

3 输入字体大小的值。字体大小以点值设置，而与当前标尺单位无关。

4 如果要应用粗体或斜体样式，可以从【样式】菜单中选择样式，如图 6-28 所示。如果所选字体不包括粗体或斜体样式，则在菜单中将不显示该样式。

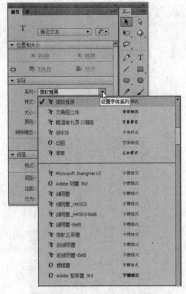

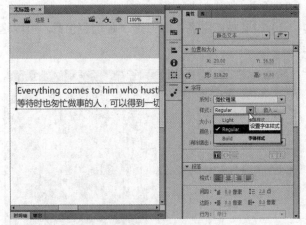

图 6-27　选择一种字体　　　　　　　　　　　　图 6-28　选择字体样式

5 如果要选择文本的填充颜色（设置文本颜色时，只能使用纯色，而不能使用渐变），可以单击【颜色】控件，然后执行下列操作之一：

（1）从【颜色】调色板中选择颜色，如图 6-29 所示。

（2）在左上角的框中键入颜色的十六进制值。

（3）单击【颜色选择器】按钮，然后从系统颜色选择器中选择一种颜色，如图 6-30 所示。

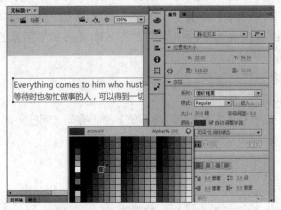

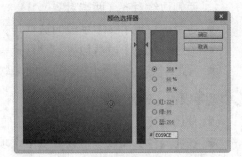

图 6-29　通过调色板设置文本颜色　　　　　　图 6-30　通过颜色选择器设置文本颜色

2. 设置字符间距、字距微调

字符间距功能会在字符之间插入统一数量的空格，使用字符间距可以调整选定字符或整个文本块的间距。

字距微调控制字符之间的距离。Flash 同时提供水平间距调整和字距微调（对于水平文本）以及垂直间距调整和字距微调（对于垂直文本）功能。

动手操作　调整间距和字距微调

1 使用【文本工具】T选择舞台上一个或多个句子、短语或文本字段。

2 在【属性】面板中，设置以下选项：

（1）如果要指定字符间距（间距和字距调整），可以在【字母间距】字段中输入值，如图 6-31 所示。

（2）如果要使用字体的内置字距调整信息，可以选择【自动调整字距】复选框，如图 6-32 所示。

图 6-31　设置字符间距

图 6-32　应用自动调整字距功能

6.3.2　设置段落文本属性

段落文本属性包括对齐、边距、缩进和行距。

- 对齐方式：决定了段落中的每行文本相对于文本字段边缘的位置。水平文本相对于文本字段的左侧和右侧边缘对齐，垂直文本相对于文本字段的顶部和底部边缘对齐。文本可以与文本字段的一侧边缘对齐，或者在文本字段中居中对齐，或者与文本字段的两侧边缘对齐（两端对齐）。
- 边距：决定了文本字段的边框与文本之间的间隔量。
- 缩进：决定了段落边界与首行开头之间的距离。
- 行距：决定了段落中相邻行之间的距离。对于垂直文本，行距将调整各个垂直列之间的距离。

动手操作　设置段落文本属性

1 使用【文本工具】T选择舞台上的一个或多个文本字段。

2 在【属性】面板中，设置以下选项：

（1）单击【左对齐】▤、【居中】▤、【右对齐】▤或【两端对齐】▤按钮可以设置对齐方式。

（2）在【属性】面板【段落】部分的【边距】文本字段中输入值，可以设置左边距或右边距，如图 6-33 所示。

（3）在【间距】文本字段中输入值，可以指定缩进，如图 6-34 所示。

（4）在【行距】文本字段中输入值，可以指定行距，如图 6-35 所示。

图 6-33 设置段落边距　　　图 6-34 设置段落缩进

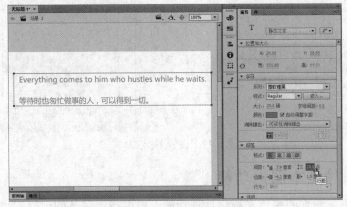

图 6-35 设置段落的行距

6.3.3 指定字符上标和下标

先选中文本字符，再通过【属性】面板单击【切换上标】按钮 T^1 或【切换下标】按钮 T_1（必须先确保【可选】按钮 T 为按下，字符位置的按钮才可用），可以为文本指定上标或下标字符位置。

默认文本字符位置是"正常"。"正常"将文本放置在基线上；"上标"将文本放置在基线之上（水平文本）或基线的右侧（垂直文本）；"下标"将文本放置在基线之下（水平文本）或基线的左侧（垂直文本）。

动手操作　制作公式文本内容

1 打开光盘中的"...\Example\Ch06\6.3.3.fla"练习文件，在【工具】面板中选择【文本工具】 T。

2 使用【文本工具】 T 选择第一条数学公式文本中【102】字符的【2】，然后在【属性】面板中取消按下【可选】按钮 T，再单击【切换上标】按钮 T^1，设置【2】为上标文本，如图 6-36 所示。

3 使用【文本工具】 T 在化学公式文本中选择【O2】字符的【2】，单击【切换下标】按钮 T_1，设置下标文本。使用相同的方法，选择带【CO2】字符的【2】，设置为下标文本，结果如图 6-37 所示。

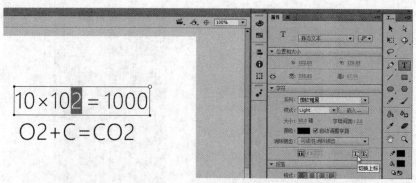

图 6-36　设置上标文本

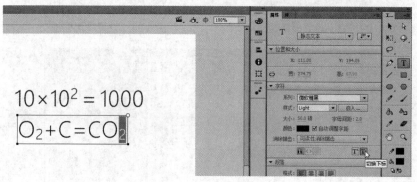

图 6-37　设置下标文本

6.3.4　使用消除文本锯齿功能

Flash CC 提供了增强的字体光栅化处理功能，可以指定字体的消除锯齿属性。改进的消除锯齿功能只能用于针对 Flash Player 8 或更高版本发布的 SWF 文件。如果针对较早版本的 Flash Player 发布文件，则只能使用"动画消除锯齿"功能。

动手操作　使用消除文本锯齿功能

1 选择文本字段，再打开【属性】面板。

2 在【属性】面板中，从【消除锯齿】弹出菜单中选择【可读性消除锯齿】选项，如图 6-38 所示。

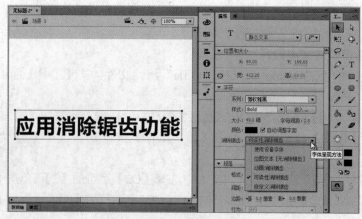

图 6-38　设置消除锯齿选项

问：为什么设置了消除锯齿功能后，文本在发布 SWF 文件后显示空白？

答：消除锯齿需要嵌入文本字段使用的字体。如果不嵌入字体，则文本字段可能对传统文本显示空白。如果将【消除锯齿】设置更改为【使用设备字体】导致文本不能正确显示，则需要嵌入字体。Flash 会自动为已经在舞台上创建的文本字段中存在的文本嵌入字体。不过，如果计划允许文本在运行时更改，则应手动嵌入字体。

消除锯齿选项说明如下：

- 使用设备字体：指定 SWF 文件使用本地计算机上安装的字体来显示字体。通常，设备字体采用大多数字体大小时都很清晰。尽管此选项不会增加 SWF 文件的大小，但会使字体显示依赖于用户计算机上安装的字体。使用设备字体时，应选择最常安装的字体系列。不能使用具有旋转或纵向传统文本的设备字体。如果希望使用旋转或纵向传统文本，需要选择另一种消除锯齿模式，并嵌入文本字段使用的字体。

- 位图文本（无消除锯齿）：关闭消除锯齿功能，不对文本提供平滑处理。用尖锐边缘显示文本，由于在 SWF 文件中嵌入了字体轮廓，因此增加了 SWF 文件的大小。位图文本的大小与导出大小相同时，文本比较清晰，但对位图文本缩放后，文本显示效果比较差。

- 动画消除锯齿：通过忽略对齐方式和字距微调信息来创建更平滑的动画。此选项会导致创建的 SWF 文件较大，因为嵌入了字体轮廓。为提高清晰度，应在指定此选项时使用 10 号或更大的字号。

- 可读性消除锯齿：使用 Flash 文本呈现引擎来改进字体的清晰度，特别是较小字体的清晰度。此选项会导致创建的 SWF 文件较大，因为嵌入了字体轮廓。如果要使用此选项，必须发布到 Flash Player 8 或更高版本。

- 自定义消除锯齿：可以修改字体的属性，如图 6-39 所示。使用【清晰度】可以指定文本边缘与背景之间的过渡的平滑度；使用【粗细】可以指定字体消除锯齿转变显示的粗细。如果要使用此选项，必须发布到 Flash Player 8 或更高版本。

图 6-39　自定义消除锯齿

6.3.5　为文件添加嵌入字体

当计算机通过 Internet 播放发布的 SWF 文件时，不能保证文件使用的字体在这些计算机上可用。要确保文本保持所需外观，可以嵌入全部字体或某种字体的特定字符子集。通过在发布的 SWF 文件中嵌入字符，可以使该字体在 SWF 文件中可用，而无需考虑播放该文件的计算机。

从 Flash CS5 开始，对于包含文本的任何文本对象使用的所有字符，Flash 均会自动嵌入。如果自己创建嵌入字体元件，就可以使文本对象使用其他字符。

但是，对于【消除锯齿】属性设置为【使用设备字体】的文本对象，没有必要嵌入字体。因为，指定使用设备字体后，Flash 会在发布 SWF 文件时自行嵌入指定的字体。

通常在下列 5 种情况时，需要通过在 SWF 文件中嵌入字体来确保正确的文本外观：

（1）在要求文本外观一致的设计过程中需要在 Flash 文件中创建文本对象时。

（2）在使用消除锯齿选项而非【使用设备字体】时，必须嵌入字体，否则文本可能会消失或者不能正确显示。

（3）在 Flash 文件中使用 ActionScript 动态生成文本时。

（4）当使用 ActionScript 创建动态文本时，必须在 ActionScript 中指定要使用的字体。

（5）当 SWF 文件包含文本对象，并且该文件可能由尚未嵌入所需字体的其他 SWF 文件加载时。

动手操作 为文件添加嵌入字体

1 选择舞台上任意一个输入文本字段。

2 在【属性】面板中单击【嵌入】按钮，或者选择【文本】|【字体嵌入】命令。

3 弹出对话框后，选择要嵌入字体的【系列】和【样式】，再设置一个名称，如图 6-40 所示。

4 在【字符范围】中，选择要嵌入的字符范围。嵌入的字符越多，发布的 SWF 文件越大。

5 如果要嵌入任何其他特定字符，可以在【还包含这些字符】字段中输入这些字符。

6 如果要使嵌入字体元件能够使用 ActionScript 代码访问，可以在【ActionScript】选项卡中选择【为 ActionScript 导出】复选框，如图 6-41 所示。如果要将字体元件用作共享资源，可以在【ActionScript】选项卡的【共享】部分中选择选项。

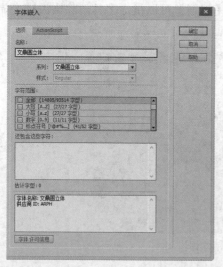

图 6-40 设置嵌入字体的系统、样式和名称 　　 图 6-41 设置【为 ActionScript 导出】复选框

7 单击【添加新字体】按钮，以设置动态文本字段所有字体嵌入文件，最后单击【确定】按钮，如图 6-42 所示。

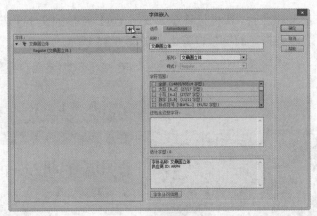

图 6-42　添加字体嵌入

6.3.6　为文本设置 URL 链接

为文本添加 URL 链接，可以将文本链接到指定的文件对象、网站地址和邮件地址，这样可以方便浏览者通过超链接打开目标文件，或进入指定的位置。

链接目标的说明如下：

- _blank：将链接的文件载入一个未命名的新浏览器窗口中。
- _parent：将链接的文件载入含有该链接的框架的父框架集或父窗口中。如果包含链接的框架不是嵌套的，则链接文件加载到整个浏览器窗口中。
- _self：将链接的文件载入该链接所在的同一框架或窗口中。此目标是默认的，所以通常不需要指定它。
- _top：将链接的文件载入整个浏览器窗口中。

动手操作　为文本设置网站链接

1 打开光盘中的 "...\Example\Ch06\6.3.6.fla" 练习文件，使用【文本工具】 T 选择需要添加 URL 链接的文本（可以是部分文字，也可以是整个文本）。

2 打开【属性】面板，再打开面板上的【选项】组，在【链接】文本框中输入文本链接的 URL 地址，如图 6-43 所示。

3 此时原来不可用的【目标】选项可以被设置，打开【目标】列表框，选择目标为【_blank】，如图 6-44 所示。

图 6-43　设置 URL 链接地址

图 6-44　设置链接的目标

4 按 Ctrl+Enter 键测试影片，将光标移至设置了 URL 链接的文本上方，光标会变成手形，单击文本内容，即可跳转到指定的链接位置上，如图 6-45 所示。

图 6-45　测试文本链接的效果

6.4　技能训练

下面通过多个上机练习实例，巩固所学知识。

6.4.1　上机练习 1：为场景添加段落文本

本例先使用【文本工具】在动画场景中输入一段文本内容，然后通过【属性】面板设置文本字符属性，再设置整个内容的段落属性，使场景中的文本内容显得更加美观。

操作步骤

1 打开光盘中的 "...\Example\Ch06\6.4.1.fla" 练习文件，在【工具】面板中选择【文本工具】 T ，然后设置文本类型为【静态文本】，再设置字符属性，如图 6-46 所示。

2 在舞台左下方上单击创建静态文本字段，然后输入文本内容，在适当的位置按 Enter 键进行换行，如图 6-47 所示。

图 6-46　设置文本工具属性　　　　　　　　图 6-47　添加文本段落

3 使用【选择工具】 ↖ 选择文本字段，打开【属性】面板，更改颜色为【黄色】，如图 6-48 所示。

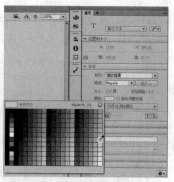

图 6-48　更改文本的颜色

4 选择文本字段，通过【属性】面板设置消除锯齿选项，然后设置字母间距和段落属性，如图 6-49 所示。

5 按 Ctrl+Enter 键打开 Flash 播放器，查看动画中的段落文本效果，如图 6-50 所示。

图 6-49　设置消除锯齿选项和段落属性　　　　　图 6-50　查看段落文本的效果

6.4.2　上机练习 2：制作垂直文本飞入动画

本例先在舞台上输入水平静态文本，然后旋转为垂直文本，再将文本转换为图形元件，最后创建文本图形元件从舞台下方飞入舞台上的传统补间动画。

操作步骤

1 打开光盘中的 "...\Example\Ch06\6.4.2.fla" 练习文件，在【工具】面板中选择【文本工具】，然后设置文本类型为【静态文本】，再设置字符属性，在舞台上输入文本，如图 6-51 所示。

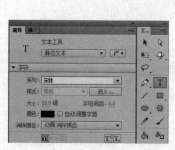

图 6-51　设置文本属性并输入文本

2 使用【选择工具】 选择文本字段，打开【属性】面板，再单击【改变文本方向】按钮 ，从菜单中选择【垂直】选项，如图 6-52 所示。

图 6-52　更改文本为垂直方向

3 选择文本字段，将字段移到舞台右下方，然后选择【修改】|【转换为元件】命令，打开对话框后设置名称为【文本】，类型为【图形】，再单击【确定】按钮，如图 6-53 所示。

图 6-53　调整文本位置并转换为元件

4 按 Ctrl+A 键选择文件窗口的全部对象，再单击右键并选择【分散到图层】命令，如图 6-54 所示。

图 6-54　将对象分散到图层

5 在【文本】图层和图层 3 的第 80 帧上插入帧，然后在【文本】图层第 20 帧上按 F6 键插入关键帧，接着选择该关键帧并将舞台上的【文本】元件实例移到舞台上方，如图 6-55 所示。

图 6-55　插入关键帧并调整实例的位置

6 选择【文本】图层关键帧之间的任意帧，然后单击右键并选择【创建传统补间】命令，如图 6-56 所示。

7 按 Ctrl+Enter 键打开 Flash 播放器，查看动画中垂直文本飞入舞台的效果，如图 6-57 所示。

图 6-56　创建传统补间动画

图 6-57　查看动画效果

6.4.3　上机练习 3：会变色的渐变文本动画

本例先新建图层并输入两个文本，然后设置文本的属性，将两个文本分离成形状，填充渐变颜色，最后通过创建补间形状动画，制作文本形状的渐变颜色变化的效果。

操作步骤

1 打开光盘中的 "...\Example\Ch06\6.4.3.fla" 练习文件，在时间轴上新建图层 2，选择该图层并使用【文本工具】[T]在舞台上创建两个静态文本字段，分别输入文本，如图 6-58 所示。

2 按住 Shift 键选择两个文本字段，打开【属性】面板，设置字符文本系列和大小，再设置文本的颜色为【黄色】，如图 6-59 所示。

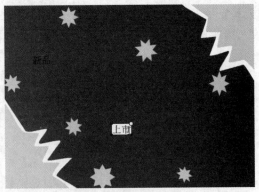

图 6-58　新建图层并输入文本

图 6-59　设置文本的属性

3 按住 Shift 键选择两个文本字段，然后按两次 Ctrl+B 键，将文本分离成相同形状，如图 6-60 所示。

图 6-60　将文本分离成相同形状

4 选择文本形状，打开【颜色】面板，更改填充颜色类型为【径向渐变】，然后设置从黄色到白色的渐变，如图 6-61 所示。

5 选择图层 1 和图层 2 的第 30 帧并插入关键帧，选择图层 2 的第 30 帧上的形状，然后通过【颜色】面板更改成由绿色到白色的渐变颜色，如图 6-62 所示。

6 选择图层 2 的任意帧并单击右键，从打开的菜单中选择【创建补间形状】命令，创建补间形状动画，如图 6-63 所示。

图 6-61　更改填充类型并设置渐变颜色

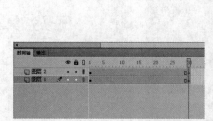

图 6-62　插入关键帧并更改渐变颜色

7 按 Ctrl+Enter 键打开 Flash 播放器，查看动画中文本形状渐变颜色变化的效果，如图 6-64 所示。

图 6-63　创建补间形状动画　　　　　　　　图 6-64　通过播放器查看效果

6.4.4　上机练习 4：制作用户登录界面场景

本例先使用【文本工具】在舞台上输入静态文本，然后新增图层并在两个文本项目右侧创建两个【输入文本】类型的文本字段并对齐，接着设置文本字段和属性，再添加字体嵌入。

操作步骤

1 打开光盘中的"...\Example\Ch06\6.4.4.fla"练习文件，选择【文本工具】T，然后在【属性】面板中设置类型为【静态文本】，设置字符属性，接着新建图层 3 且在舞台界面对象上输入两个文本项目，如图 6-65 所示。

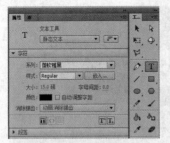

图 6-65 设置文本输入并创建文本

2 按住 Shift 键选择两个静态文本字段，然后打开【对齐】面板，取消选择【与舞台对齐】复选框，再单击【顶对齐】按钮 ，如图 6-66 所示。

图 6-66 对齐静态文本字段

3 在【时间轴】面板上新建图层 4，然后选择【文本工具】 ，设置类型为【输入文本】，接着设置字符属性，如图 6-67 所示。

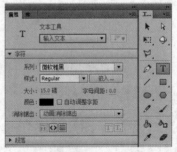

图 6-67 新建图层并设置文本属性

4 选择图层 4 第 1 帧，使用【文本工具】 在第一个静态文本字段右侧拖出一个输入文本字段，接着在第二个静态文本字段右侧再拖出第二个输入文本字段，如图 6-68 所示。

图 6-68 创建两个输入文本字段

5 分别选择两个输入文本字段，然后通过【属性】面板设置文本字段的大小，打开【对齐】面板，单击【底对齐】按钮，对齐输入文本字段，如图 6-69 所示。

图 6-69　设置输入文本字段大小并对齐

6 同时选择两个输入文本字段，然后在【属性】面板中按下【在文本周围显示边框】按钮，选择【密码:】文本项目右侧的输入文本字段，设置字段行类型【密码】，如图 6-70 所示。

图 6-70　设置显示边框和密码行为类型

7 选择其中一个输入文本字段，打开【属性】面板并单击【嵌入】按钮，打开【字体嵌入】对话框后，选择字体系列和样式并输入名称，然后单击【添加新字体】按钮，添加字体为嵌入字体，最后单击【确定】按钮，如图 6-71 所示。

图 6-71　添加嵌入字体

193

8 按 Ctrl+Enter 键打开 Flash 播放器播放动画，此时可以在两个输入文本字段中输入用户名和密码，测试文本字段的效果，如图 6-72 所示

图 6-72 测试动画效果

6.4.5 上机练习 5：利用动态文本制作读数器

本例先在舞台上创建 5 个动态文本字段，然后通过【属性】面板设置实例名称，添加 ActionScript 3.0 代码，以调用读数并在动态文本字段中读取，制作出文本读数器的动画。

操作步骤

1 打开光盘中的 "...\Example\Ch06\6.4.5.fla" 练习文件，选择【文本工具】 [T]，通过【属性】面板设置文本类型为【动态文本】，再设置字符的属性，如图 6-73 所示。

2 在舞台的静态文本右侧分别创建 5 个动态文本字段，如图 6-74 所示。

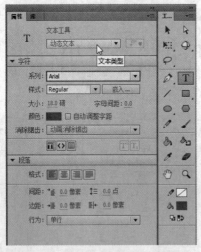

图 6-73 设置文本类型和字符属性

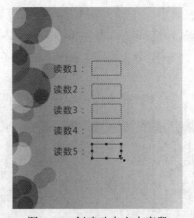

图 6-74 创建动态文本字段

3 选择第一个动态文本字段，再打开【属性】面板，设置实例名称为【myinput0】，使用相同的方法，分别设置其他 4 个动态文本字段的实例名称为【myinput1】、【myinput2】、【myinput3】、【myinput4】，如图 6-75 所示。

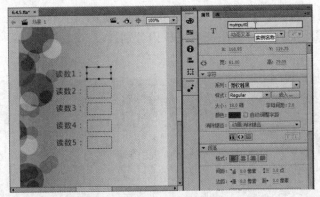

图 6-75　设置动态文本字段的实例名称

4 在【时间轴】面板上新建图层 3，然后在图层 1 第 1 帧上单击右键并选择【动作】命令，在打开的【动作】面板中输入 ActionScrpt 脚本代码，如图 6-76 所示。

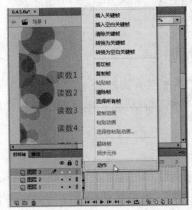
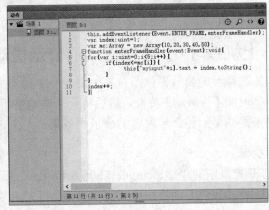

图 6-76　打开【动作】面板并输入脚本代码

5 选择舞台上任意一个动态文本字段，选择【文本】|【字体嵌入】命令，弹出对话框后，为动态文本字段所设置的字体设置一个名称，然后单击【添加新字体】按钮，设置动态文本字段所有字体嵌入文件，最后单击【确定】按钮，如图 6-77 所示。

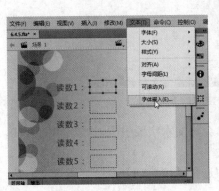
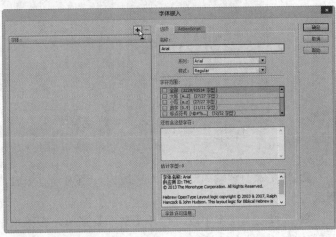

图 6-77　设置字体嵌入

6 选择【控制】|【测试】命令，或按 Ctrl+Enter 键测试 Flash 影片。此时可以看到动态文本字段同时显示滚动的读数，并在文本字段内分别显示 10、20、30、40、50 的数值，如图 6-78 所示。

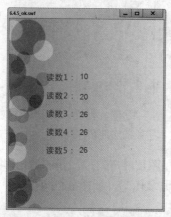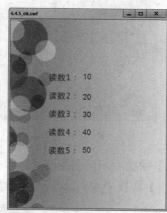

图 6-78 测试动画中动态文本字段读数的效果

6.4.6 上机练习 6：可以滚动的公示栏动画

本例先在舞台的公示栏位图对象中创建一个动态文本字段并加入公示文本内容，然后设置动态文本字段的【可滚动】特性，最后将一个滚动条组件添加到动态文本字段上，制作出可以通过滚动条滚动显示各公示内容的公示栏效果。

操作步骤

1 打开光盘中的 "...\Example\Ch06\6.4.6.fla" 练习文件，在【工具】面板中选择【文本工具】 T，在【属性】面板中设置文本类型为【动态文本】，接着新建一个图层并在舞台中创建一个动态文本字段，如图 6-79 所示。

图 6-79 新建图层并创建动态文本字段

2 将文本内容输入动态文本字段内。当内容过多时，会将文本字段扩大，结果如图 6-80 所示。

3 选择动态文本字段，打开【文本】菜单，在菜单中选择【可滚动】命令，设置文本的可滚动性，如图 6-81 所示。

图 6-80　输入文本内容

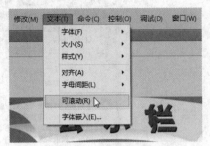

图 6-81　设置可滚动文本

4 使用【选择工具】选择文本字段下方的控制点，然后向上拖动，缩小文本字段的高度，如图 6-82 所示。

5 选择【窗口】|【组件】命令，打开【组件】面板后，将【UIScrollBar】组件拖到动态文本字段右边缘内边，如图 6-83 所示。这个步骤的目的是为文本字段添加一个窗口滚动条，方便浏览者拖动滚动条来滚动阅读内容。

图 6-82　缩小文本字段的高度

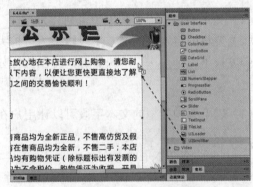

图 6-83　加入 UIScrollBar 组件

6 在【工具】面板中选择【任意变形工具】，按住 Alt 键后选择变形框下边缘节点并向下拖动，向下扩大组件，接着选择动态文本字段，在【属性】面板上取消【在文本周围显示边框】按钮的按下状态，如图 6-84 所示。

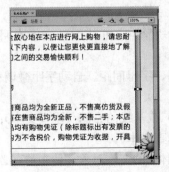

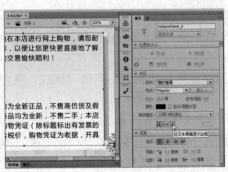

图 6-84　扩大组件并取消显示文本字段边框

7 按 Ctrl+Enter 键测试 Flash 影片。打开影片播放窗口后，可以通过拖动滚动条以滚动的方式查看公示内容，如图 6-85 所示。

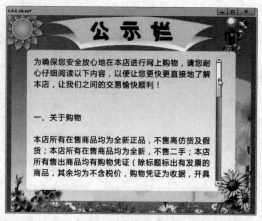

图 6-85　测试影片播放效果

6.5　评测习题

一、填充题

（1）文本的类型根据其来源可划分为_____、输入文本、静态文本三种类型。

（2）要将固定宽度的文本字段转换为可扩大的文本字段，可_____调节点。

（3）按下_____快捷键，可以执行分离文本的操作。

二、选择题

（1）以下哪种类型的文本字段可以让用户在表单或调查表中输入文本？　　　　（　　）

　　A．输入文本字段　　　　　　　　　　B．静态文本字段

　　C．动态文本字段　　　　　　　　　　D．行为文本字段

（2）以下哪种不是 Flash 应用程序的设备字体？　　　　　　　　　　　　（　　）

　　A．_sans　　　　　B．_serif　　　　　C．_typewriter　　　D．Arial

（3）以下哪种文本类型的文本字段可以加载外部内容？　　　　　　　　　（　　）

　　A．静态文本字段　　　　　　　　　　B．输入文本字段

　　C．动态文本字段　　　　　　　　　　D．固态文本字段

三、判断题

（1）传统文本引擎，是 Flash CC 内置的文本显示引擎，它可以在 Flash 创作环境和发布文件中清晰地显示高质量的文本。　　　　　　　　　　　　　　　　　　　　　　（　　）

（2）字体属性包括字体系列、点值、样式、颜色、字母间距、自动字距微调和字符位置。

　　　　　　　　　　　　　　　　　　　　　　　　　　　　　　　　　　　（　　）

（3）"上标"将文本放置在基线之上（水平文本）或基线的右侧（垂直文本）；"下标"将文本放置在基线之下（水平文本）或基线的左侧（垂直文本）。　　　　　　　　（　　）

（4）对于【消除锯齿】属性设置为【使用设备字体】的文本对象，是非常有必要设置嵌入字体的。　　　　　　　　　　　　　　　　　　　　　　　　　　　　　　　（　　）

四、操作题

在练习文件中通过创建可扩大的文本字段输入水平文本，然后创建固定宽度的文本字段，再输入段落文本，以在卡通动画场景中添加文本内容，结果如图 6-86 所示。

图 6-86　添加文本内容的结果

操作提示

（1）打开光盘中的 "...\Example\Ch06\6.5.fla" 练习文件，在【工具】面板中选择【文本工具】，然后在舞台上单击，创建可扩大的文本字段。

（2）打开【属性】面板，然后设置如图 6-87 所示的字符属性，输入文本即可。

（3）在【工具】面板中选择【文本工具】，然后在舞台上拖动鼠标创建出固定宽度的文本字段。

（4）通过【属性】面板设置如图 6-88 所示的字符属性，输入文本。如果输入的文本长度超过文本字段在水平方向上可容纳的长度，那么文本将自动换行。

图 6-87　设置字符属性　　　图 6-88　再次设置字符属性

第7章 应用声音、视频和滤镜

学习目标

在 Flash CC 中，可以通过为文件添加声音、视频、滤镜以及设置混合模式来设计动画效果。本章将详细讲解在 Flash 中使用声音、视频等资源，以及应用滤镜和混合模式设计动画的方法。

学习重点

☑ 支持的声音文件格式
☑ 导入和使用声音
☑ 设置声音属性
☑ 转换视频格式和导入视频
☑ 为动画对象应用和设置滤镜
☑ 为影片剪辑设置混合模式效果

7.1 在 Flash 中使用声音

Flash 提供了多种使用声音的方式。例如，可以使声音独立于时间轴连续播放，或使用时间轴将动画与音轨保持同步，或向按钮添加声音以使按钮具有更强的互动性。另外，通过声音淡入淡出还可以使音轨更加优美。

7.1.1 支持的声音文件格式

在 Flash CC 中，可以导入以下格式的声音文件：
（1）ASND（Windows 或 Macintosh），这是 Adobe Soundbooth 的本机声音格式。
（2）WAV（仅限 Windows 系统）。
（3）AIFF（仅限 Macintosh 系统）。
（4）MP3（Windows 系统或 Macintosh 系统）。
如果系统上安装了 QuickTime 4 或更高版本，则可以导入以下格式的声音文件：
（1）AIFF（Windows 系统或 Macintosh 系统）。
（2）Sound Designer II（仅限 Macintosh 系统）。
（3）只有声音的 QuickTime 影片（Windows 系统或 Macintosh 系统）。
（4）Sun AU（Windows 系统或 Macintosh 系统）。
（5）System 7 声音（仅限 Macintosh 系统）。
（6）WAV（Windows 系统或 Macintosh 系统）。

  ASND 文件可以包含应用了效果的音频数据、Soundbooth 多轨道会话和快照（允许用户恢复到 ASND 文件的前一状态）。

7.1.2　导入与使用声音

在 Flash 中使用声音对时，可以先将声音导入到库内，然后依照设计需要从库中使用声音。

1. 导入声音

选择【文件】|【导入】|【导入到库】命令，打开【导入到库】对话框后，选择声音文件，再单击【打开】按钮，如图 7-1 所示。

问：在导入声音到 Flash 时，应该导入什么格式的声音比较好？

答：声音要使用大量的磁盘空间和内存，MP3 声音数据经过压缩，比 WAV 或 AIFF 声音数据小。通常，使用 WAV 或 AIFF 文件时，最好使用 16-22kHz 的单声（立体声使用的数据量是单声的两倍）处理，但是 Flash 可以导入采样比率为 11kHz、22kHz 或 44kHz 的 8 位或 16 位的声音，因此，当将声音导入到 Flash 时，如果声音的记录格式不是 11kHz 的倍数（例如 8、32 或 96kHz），将会重新采样。

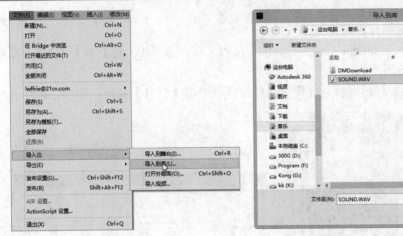

图 7-1　导入声音

2. 将声音添加到时间轴

动手操作　将声音添加到时间轴

1 在【时间轴】面板中新建一个图层。

2 选择图层的关键帧或空白关键帧，执行以下操作之一：

（1）打开【库】面板，将声音拖到舞台上，声音就会添加到当前图层，如图 7-2 所示。

（2）打开【属性】面板，并打开【声音名称】列表框，从列表框中选择需要添加到动画的声音，如图 7-3 所示。

3. 从时间轴上删除一个声音

在包含声音的时间轴图层上选中包含声音的一个

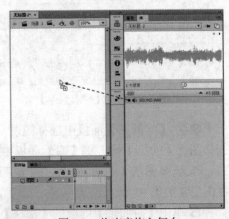

图 7-2　将声音拖入舞台

帧，然后在【属性】面板中转至声音部分，从【声音名称】列表框中选择【无】选项，Flash
即可从时间轴图层上删除此声音，如图7-4所示。

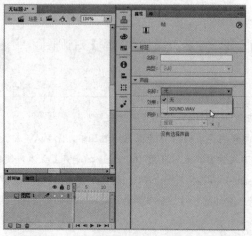

图7-3　通过【属性】面板添加声音到图层

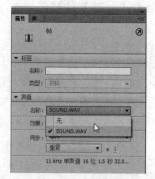

图7-4　从时间轴上删除声音

动手操作　为动画添加背景音乐

1 打开光盘中的"...\Example\Ch07\7.1.2.fla"练习文件，选择【文件】|【导入】|【导
入到库】命令，如图7-5所示。

2 打开【导入到库】对话框后，选择声音文件，再单击【打开】按钮，如图7-6所示。

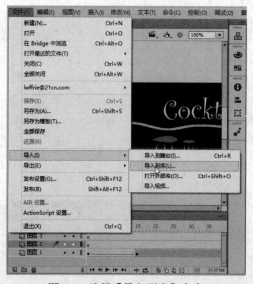

图7-5　选择【导入到库】命令

图7-6　打开声音文件

3 在【时间轴】面板中选择图层3，然后单击【新建图层】按钮，插入图层4，接着
选择图层4的第1帧，将【库】面板中的声音对象拖到舞台上，如图7-7所示。

4 选择图层4的第91帧，F7键插入空白关键帧，然后将【库】面板的声音拖到舞台上，
在图层4的第91帧上添加声音，如图7-8所示。

5 单击【时间轴】面板的【播放】按钮，播放时间轴以预览声音效果，如图7-9所示。

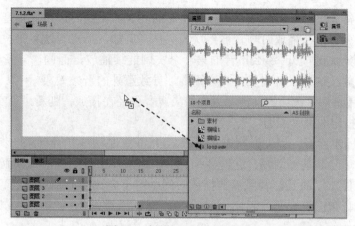

图 7-7　新增图层并加入声音

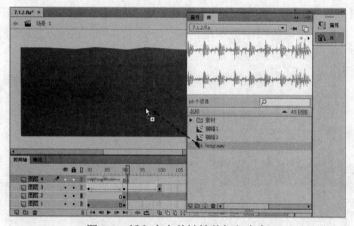

图 7-8　插入空白关键帧并加入声音

图 7-9　播放时间轴测试声音效果

7.1.3　设置声音同步与循环

1. 设置同步

声音同步是指设置声音与动画的同步效果。当声音添加到图层后，选择声音的帧，再打开【属性】面板，即可通过【同步】列表框设置声音同步选项，如图 7-10 所示。

2. 同步方式

Flash CC 提供了"事件、开始、停止、数据流"4 种声音同步方式，可以使声音独立于时间轴连续播放，或使声音和动画同步播放，也可以使声音循环播放一定次数。各种声音同步方式的功能介绍如下：

- 事件：将声音和一个事件的发生过程同步起来。当事件声音的开始关键帧首次显示时，事件声音将播放，并且将完整播放，而不管播放头在时间轴上的位置如何，即使 SWF

文件停止播放也会继续播放。当播放发布的 SWF 文件时，事件声音会混合在一起。如果事件声音正在播放时声音被再次实例化（例如，用户再次单击按钮或播放头通过声音的开始关键帧），那么声音的第一个实例继续播放，而同一声音的另一个实例同时开始播放，这样很可能发生声音重叠，导致意外的音频效果。

- 开始：与【事件】选项的功能相近。如果声音已经在播放，则新声音实例就不会播放。
- 停止：使指定的声音静音。
- 数据流：同步声音，以便在网站上播放。Flash 强制动画和音频流同步。如果 Flash 不能足够快地绘制动画的帧，它就会跳过帧。与事件声音不同，音频流随着 SWF 文件的停止而停止。而且，音频流的播放时间绝对不会比帧的播放时间长。当发布 SWF 文件时，音频流混合在一起。

3．设置循环

打开声音的【属性】面板，可以选择【重复】选项或【循环】选项，如图 7-11 所示。如果是选择【重复】选项，在该选项的文本框内输入一个值，可以指定声音应循环的次数。如果是选择【循环】选项，则 Flash 连续重复声音。

图 7-10　设置声音同步　　　　图 7-11　设置声音循环

在多数情况下，不建议设置循环播放音频流。如果将音频流设为循环播放，帧就会添加到文件中，文件的大小就会根据声音循环播放的次数而倍增。

如果要连续播放，可以输入一个足够大的数，以便在扩展持续时间内播放声音。例如，如果要在 15 分钟内循环播放一段 15 秒的声音，可以输入重复次数为 60。

7.1.4　应用预设或自定义效果

没有经过处理的声音会依照原来的模式进行播放。为了使声音更加符合动画设计，可以对声音设置各种效果。

1．预设声音效果

Flash CC 提供了多种预设声音效果，如淡入、淡出、左右声道等，如图 7-12 所示。

各种声音预设效果说明如下：

- 左声道：声音由左声道播放，右声道为静音。
- 右声道：声音由右声道播放，左声道为静音。
- 向右淡出：声音从左声道向右声道转移，然后从右声道逐渐降低音量，直至静音。
- 向左淡出：声音从右声道向左声道转移，然后从左声道逐渐降低音量，直至静音。
- 淡入：左右声道从静音逐渐增加音量，直至最大音量。
- 淡出：左右声道从最大音量逐渐减低音量，直至静音。

2. 自定义声音效果

如果 Flash 默认提供的声音效果不适合设计需要，可以通过编辑声音封套的方式，对声音效果进行自定义编辑，以达到随意改变声音音量和播放效果的目的。

编辑声音封套，可以使用户定义声音的起始点，或在播放时控制声音的音量。通过编辑封套，还可以改变声音开始播放和停止播放的位置，这对于通过删除声音文件的无用部分来减小文件的大小是很有用的。

如果要编辑声音封套，可以选择添加声音的关键帧（目的是选择到声音），然后打开【效果】列表框，并选择【自定义】选项，或者直接单击【效果】列表后的【编辑声音封套】按钮，如图 7-13 所示。

打开【编辑封套】对话框后，可以在此对话框中自定义声音效果，如图 7-14 所示。

图 7-12 设置声音预设的效果

图 7-13 编辑声音封套

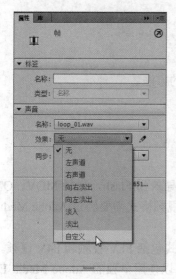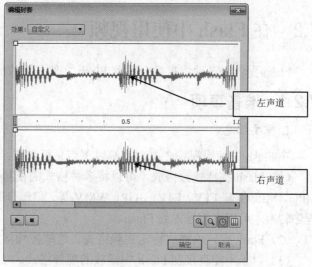

图 7-14 打开【编辑封套】对话框

3. 编辑封套的方法

通过【编辑封套】对话框定义声音效果的基本方法如下：

（1）如果要改变声音的起始点和终止点，可以拖动【编辑封套】对话框中的"开始时间"和"停止时间"控件，如图 7-15 所示。

（2）如果要更改声音封套，可以拖动封套手柄改变声音中不同点处的级别。封套线显示声音播放时的音量。如图 7-16 所示为封套手柄和封套线。

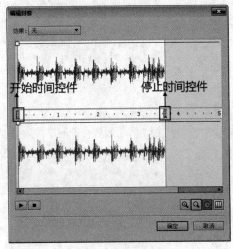

图 7-15 "开始时间"和"停止时间"控件

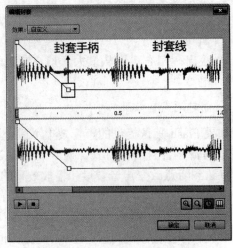

图 7-16 封套手柄和封套线

（3）如果要创建封套手柄，可以单击封套线；如果要删除封套手柄，可以将其拖出窗口。Flash 最多可以允许用户添加 8 个封套手柄。

（4）如果要改变窗口中显示声音的多少，可以单击【放大】按钮🔍或【缩小】按钮🔍。

（5）如果切换秒或帧的单位，可以单击【秒】按钮🕐和【帧】按钮🎞。

（6）如果在【编辑封套】对话框中播放声音，可以单击【播放声音】按钮▶；单击【停止声音】按钮■则可以停止播放当前声音。

7.2 在 Flash 中使用视频

Flash 提供了多种将视频合并到 Flash 文件并播放的方法。

7.2.1 准备事项

1. 重要信息

在 Flash 中使用视频之前，了解以下信息很重要：

（1）Flash 支持视频播放，可以将多种格式的视频导入到 Flash，包括 MOV、QT、AVI、MPG、MPEG-4、FLV、F4V、3GP、WMV 等，但部分视频格式需要经过 Adobe Media Encoder 程序转换才可以直接导入到 Flash。

（2）Flash 仅可以播放特定视频格式。这些视频格式包括 FLV 视频和 F4V 视频。

（3）对于不能直接在 Flash 中播放的视频格式，可以使用单独的 Adobe Media Encoder 应用程序（Flash 附带）将其他视频格式转换为 FLV 和 F4V。

（4）将视频添加到 Flash 有多种方法，在不同情形下各有优点。

（5）Flash 包含一个视频导入向导，在选择【文件】|【导入】|【导入视频】命令时会打开该向导。

（6）使用 FLVPlayback 组件是在 Flash 文件中快速播放视频的最简单方法。

2. 导入非支持直接播放的视频

当导入视频时，Flash 的视频导入向导会检查选择导入的视频文件。如果视频不是 Flash 播放器可以播放的 FLV 或 F4V 格式，向导会提醒使用 Adobe Media Encoder 以适当的格式对视频进行编码，如图 7-17 所示。

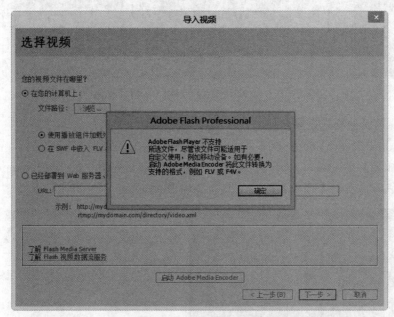

图 7-17　当导入非 FLV 或 F4V 格式的视频时弹出提示信息

3. 使用视频的方法

在 Flash 中，可以通过不同方法使用导入的视频：

（1）从 Web 服务器渐进式下载：此方法保持视频文件处于 Flash 文件和生成的 SWF 文件的外部。这使 SWF 文件大小可以保持较小。这是在 Flash 中使用视频的最常见的方法。

（2）使用 Adobe Flash Media Server 流式加载视频：此方法也保持视频文件处于 Flash 文件的外部。除了流畅的播放体验之外，Adobe Flash Media Streaming Server 还会为视频内容提供安全保护。

（3）直接在 Flash 文件中嵌入视频数据：此方法会生成非常大的 Flash 文件，因此建议只用于短小视频剪辑。

7.2.2　使用 Adobe Media Encoder

Adobe Media Encoder 是独立编码应用程序，诸如 Adobe Premiere Pro、Adobe Soundbooth 和 Flash 之类的程序可以使用该应用程序输出到某些媒体格式。如图 7-18 所示为 Adobe Media Encoder CC 程序界面。

图 7-18　Adobe Media Encoder CC 程序界面

动手操作　将其他格式视频转换为 FLV 视频

1 启动 Adobe Media Encoder CC 应用程序（安装 Flash CC 时附带安装），在【队列】窗格中单击【添加源】按钮 ，打开【打开】对话框后，选择光盘中的 "...\Example\Ch07\视频 1.avi" 视频文件，再单击【打开】按钮，如图 7-19 所示。

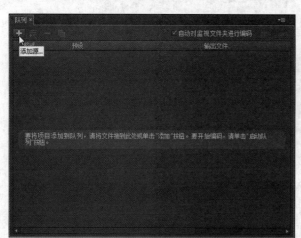

图 7-19　添加视频到队列

2 将视频文件添加到队列后，在【格式】列中单击 按钮，再从打开的列表框中选择一种目标视频格式，如选择【FLV】格式，如图 7-20 所示。

3 设置视频格式后，在格式名称上单击，打开【导出设置】对话框，然后打开对话框右侧的【预设】列表框，并选择一种预设选项，如图 7-21 所示。

4 在【导出设置】对话框中选择【视频】选项卡，然后根据需要设置相关视频选项，再切换到【音频】选项卡，同样设置相关音频选项，如图 7-22 所示。

图 7-20　设置视频转换的目标格式

图 7-21 打开【导出设置】对话框并选择预设选项

图 7-22 设置视频和音频选项

5 完成设置后，选择【使用最高渲染质量】复选框，然后单击【确定】按钮，如图 7-23 所示。

6 返回程序界面后，在【队列】窗格中单击【输出文件】列的文件路径，打开【另存为】对话框，设置保存文件的文件位置和文件名称，单击【保存】按钮，如图 7-24 所示。

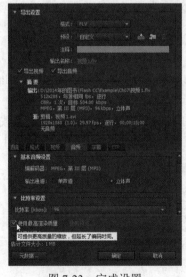

图 7-23 完成设置　　　　　　　　图 7-24 设置输入文件位置和名称

7 设置完成后单击【启动队列】按钮，此时程序会按照导出设置对源视频文件进行重新编码处理，将视频文件转换为指定的格式，如图 7-25 所示。

图 7-25　启动队列进行转换视频处理

7.2.3　导入供渐进式下载的视频

在 Flash CC 中，可以导入在计算机上本地存储的视频文件，然后在将该视频文件中导入 FLA 文件后，将其上载到服务器。当导入渐进式下载的视频时，实际上仅添加了对视频文件的引用。Flash 可使用该引用在本地计算机或 Web 服务器上查找视频文件。

渐进式下载具有下列优势：

（1）在创作期间，仅发布 SWF 文件即可预览或测试部分或全部 Flash 内容。因此能更快速地预览，从而缩短重复试验的时间。

（2）在播放期间，将第一段视频下载并缓存到本地计算机的磁盘驱动器后，即可开始播放视频。

（3）在运行时，Flash Player 将视频文件从计算机的磁盘驱动器加载到 SWF 文件中，并且不限制视频文件大小或持续时间。不存在音频同步的问题，也没有内存限制。

（4）视频文件的帧速率可以与 SWF 文件的帧速率不同，从而允许在创作 Flash 内容时有更大的灵活性。

使用供渐进式下载的导入方法导入视频后，导入时指定的视频文件不能变更位置和名称。如果该视频文件变更了位置或名称，将会导致 Flash 文件和对应发布的 SWF 文件无法对应链接视频，从而无法播放视频的问题。

动手操作　导入供渐进式下载的视频

1 选择【文件】|【导入】|【导入视频】命令，可以将视频剪辑导入到当前的 Flash 文件中。

2 选择要导入的视频剪辑。可以选择位于本地计算机上的视频剪辑，也可以输入已上载到 Web 服务器或 Flash Media Server 的视频的 URL。如图 7-26 所示为选择本地计算机的视频文件。

图 7-26　导入本地计算机的视频

3 如果要导入本地计算机上的视频，可以选择【使用播放组件加载外部视频】单选项，如图 7-27 所示。如果要导入已部署到 Web 服务器、Flash Media Server 或 Flash Video Streaming Service 的视频，可以选择【已经部署到 Web 服务器、Flash Video Streaming Service 或 Stream From Flash Media Server】单选项，然后输入视频剪辑的 URL。

4 选择视频剪辑的外观。可以选择【无】，不设置 FLVPlayback 组件的外观，也可以选择预定义的 FLVPlayback 组件外观之一，如图 7-28 所示。Flash 将外观复制到 Flash 文件所在的文件夹。

5 完成导入。视频导入向导在舞台上创建 FLVPlayback 视频组件，可以使用该组件在本地测试视频播放。

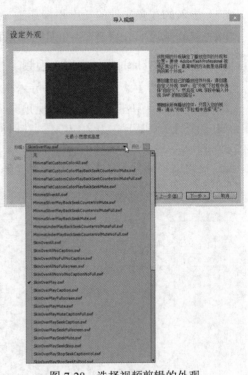

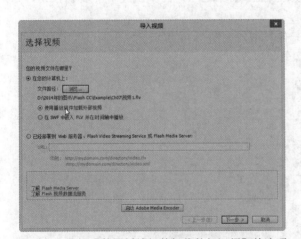

图 7-27　选择【使用播放组件加载外部视频】单选项　　　图 7-28　选择视频剪辑的外观

7.2.4　在 Flash 文件内嵌入视频

当在 Flash 中嵌入视频时，所有视频文件数据都将添加到 Flash 文件中。这导致 Flash 文件及随后生成的 SWF 文件具有比较大的文件大小。

但另一方面，视频导入后被放置在时间轴中，可以在此查看在时间轴帧中显示的单独视频帧。由于每个视频帧都由时间轴中的一个帧表示，因此视频剪辑和 SWF 文件的帧速率必须设置为相同的速率。如果对 SWF 文件和嵌入的视频剪辑使用不同的帧速率，视频播放将不一致。

对于播放时间少于 10 秒的较小视频剪辑，嵌入视频的效果最好。如果正在使用播放时间较长的视频剪辑，可以考虑使用渐进式下载的视频，或者使用 Flash Media Server 传送视频流。

在 Flash 文件内嵌入视频具有以下局限性：

（1）如果生成的 SWF 文件过大，可能会遇到问题。下载和尝试播放包含嵌入视频的大 SWF 文件时，Flash Player 会保留大量内存，这可能会导致 Flash Player 失败。

（2）较长的视频文件（长度超过 10 秒）通常在视频剪辑的视频和音频部分之间存在同步问题。一段时间以后，音频轨道的播放与视频的播放之间开始出现差异，导致不能达到预期的收看效果。

（3）若要播放嵌入在 SWF 文件中的视频，必须先下载整个视频文件，然后再播放该视频。如果嵌入的视频文件过大，则可能需要很长时间才能下载完整个 SWF 文件，然后才能播放。

（4）导入视频剪辑后，便无法对其进行编辑，必须重新编辑和导入视频文件。

（5）在通过 Web 发布 SWF 文件时，必须将整个视频都下载到观看者的计算机上，然后才能开始视频播放。

（6）在运行时，整个视频必须放入播放计算机的本地内存中。

（7）导入的视频文件的长度不能超过 16000 帧。

（8）视频帧速率必须与 Flash 时间轴帧速率相同。

动手操作　在 Flash 文件内嵌入视频

1 选择【文件】|【导入】|【导入视频】命令，将视频剪辑导入到当前的 Flash 文件中。

2 选择本地计算机上要导入的视频剪辑。

3 选择【在 SWF 中嵌入 FLV 并在时间轴上播放】单选项，并单击【下一步】按钮，如图 7-29 所示。

4 选择用于将视频嵌入到 SWF 文件的元件类型，如图 7-30 所示。

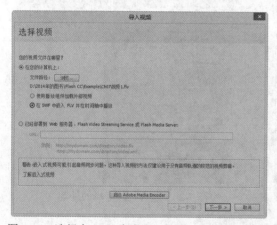

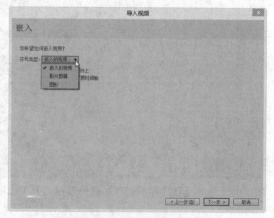

图 7-29　选择在 SWF 中嵌入 FLV 并在时间轴上播放　　　图 7-30　选择嵌入视频的类型

- 嵌入的视频：如果要使用在时间轴上线性播放的视频剪辑，最合适的方法就是将该视频导入到时间轴。
- 影片剪辑：将视频置于影片剪辑实例中可以获得对内容的最大控制。视频的时间轴独立于主时间轴进行播放，因此不必为容纳该视频而将主时间轴扩展很多帧，避免导致无法使用 Flash 文件。
- 图形：将视频剪辑嵌入为图形元件时，无法使用 ActionScript 与该视频进行交互。通常，图形元件用于静态图像以及用于创建一些绑定到主时间轴的可重用的动画片段。

5 将视频剪辑直接导入到舞台（和时间轴）上或导入为库项目，单击【下一步】按钮，如图 7-31 所示。默认情况下，Flash 将导入的视频放在舞台上。如果仅导入到库中，可以取消选中【将实例放置在舞台上】复选框。

6 单击【完成】按钮，如图 7-32 所示。

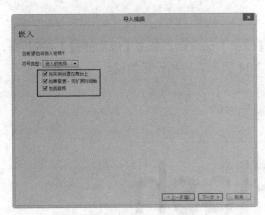

图 7-31　设置嵌入视频的方式

图 7-32　完成导入视频

7.3　应用滤镜

使用滤镜可以为文本、按钮和影片剪辑增添丰富的视觉效果，如投影、模糊、发光和斜角等。

7.3.1　滤镜的种类

Flash CC 提供了"投影"、"模糊"、"发光"、"斜角"、"渐变发光"、"渐变斜角"、"调整颜色"7 种滤镜，如图 7-33 所示。可以为对象应用其中的一种，也可以应用全部滤镜。

关于上述滤镜的说明如下：

图 7-33　Flash 提供的滤镜种类

- 投影：模拟对象投影到一个表面的效果。利用这种滤镜，可以制作出对象投影的效果，可以让对象更具有立体感。
- 模糊：可以柔化对象的边缘和细节。将模糊滤镜应用于对象后，可以使对象看起来好像位于其他对象的后面，或者使对象看起来好像是运动的。
- 发光：可以为对象的边缘应用颜色。利用发光滤镜可以制作出光晕字效果，或者为对象制作出发光的动画效果。
- 斜角：可以向对象应用加亮效果，使其看起来凸出于背景表面。使用斜角滤镜可以创建内侧斜角、外侧斜角或者整个斜角效果，从而使对象具有更强烈的凸出三维立体效果。
- 渐变发光：可以在发光表面产生带渐变颜色的发光效果。渐变发光要求渐变开始处颜色的 Alpha 值为 0，不能移动此颜色的位置，但可以改变该颜色。
- 渐变斜角：可以产生一种凸起效果，使对象看起来好像从背景上凸起，且斜角表面有渐变颜色。同样，"渐变斜角"滤镜要求渐变的中间有一种颜色的 Alpha 值为 0，无法移动此颜色的位置，但可以改变该颜色。
- 调整颜色：可以调整所选影片剪辑、按钮或者文本对象的高度、对比度、色相和饱和度。

7.3.3　应用与删除滤镜

1. 应用滤镜

先选择对象，然后打开【属性】面板切换到【滤镜】选项组，单击【添加滤镜】按钮 ，在打开的菜单中选择需要应用的滤镜即可。如图 7-34 所示为应用投影滤镜。

图 7-34　为对象应用滤镜

2. 删除滤镜

在【滤镜】列表中选择滤镜项目，然后单击【删除滤镜】按钮 ，即可删除滤镜。如果要将所有应用的滤镜都删除，可以单击【添加滤镜】按钮 ，然后在打开的菜单中选择【删除全部】命令，如图 7-35 所示。

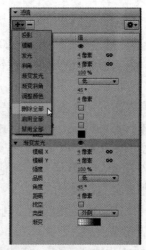

图 7-35　删除指定滤镜和删除全部滤镜

　对于 Flash CS6 和更早版本，滤镜的应用仅限于影片剪辑和按钮元件。而在 Flash CC 中，还可以将滤镜额外应用于已编译的剪辑和影片剪辑组件。

7.3.4　禁止与启用滤镜

如果不想删除滤镜，但需要暂不显示滤镜效果时，可以禁止滤镜。当需要显示滤镜效果时，只需将滤镜重新启用即可。如果要启用或禁止全部滤镜，可以单击【添加滤镜】按钮 ，然后在打开的菜单中选择【启用全部】命令或【禁止全部】命令。

如果要启用或禁用指定的滤镜，可以在滤镜列表中选择要启用或禁用的滤镜，然后单击该【滤镜】选项组下方的【启用或禁用滤镜】按钮 即可，如图 7-36 所示。

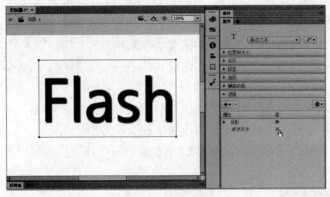

图 7-36　禁用滤镜

 问： 应用滤镜的多少会影响动画的性能吗？

答： 应用于对象的滤镜类型、数量和质量会影响 SWF 文件的播放性能。应用于对象的滤镜越多，Flash 播放器要正确显示创建的视觉效果所需的处理量也就越大，因此播放延时就越长。

7.4　制作混合效果

使用混合模式，可以创建复合图像。本节将介绍在 Flash 中应用混合模式设计影像效果的方法。

7.4.1　应用混合模式

使用混合模式可以制作对象特殊的混合效果。复合是改变两个或两个以上重叠对象的透明度或者颜色相互关系的过程。使用混合，可以混合重叠影片剪辑中的颜色，从而创造独特的效果。

混合模式包含以下元素：

- 混合颜色：应用于混合模式的颜色。
- 不透明度：应用于混合模式的透明度。
- 基准颜色：混合颜色下面的像素的颜色。
- 结果颜色：基准颜色上混合效果的结果。

混合模式不仅取决于要应用混合的对象的颜色，还取决于基础颜色。在 Flash CC 中，可以通过【属性】面板为影片剪辑应用混合模式。

选择影片剪辑元件，然后打开【属性】面板【显示】选项组，中的【混合】列表，在其中选择一种混合模式即可，如图 7-37 所示。

各种混合模式的说明如下：

- 一般：正常应用颜色，不与基准颜色发生交互。

图 7-37　应用混合模式

- 图层：可以层叠各个影片剪辑，而不影响其颜色。
- 变暗：只替换比混合颜色亮的区域。比混合颜色暗的区域将保持不变。
- 正片叠底：将基准颜色与混合颜色复合，从而产生较暗的颜色。
- 变亮：只替换比混合颜色暗的像素。比混合颜色亮的区域将保持不变。
- 滤色：将混合颜色的反色与基准颜色复合，从而产生漂白效果。
- 叠加：复合或过滤颜色，具体操作需取决于基准颜色。
- 强光：复合或过滤颜色，具体操作需取决于混合模式颜色。该效果类似于用点光源照射对象。
- 增加：通常用于在两个图像之间创建动画的变亮分解效果。
- 减去：通常用于在两个图像之间创建动画的变暗分解效果。
- 差值：从基色减去混合色或从混合色减去基色，具体取决于哪一种的亮度值较大。该效果类似于彩色底片。
- 反相：反转基准颜色。
- Alpha：应用 Alpha 遮罩层。
- 擦除：删除所有基准颜色像素，包括背景图像中的基准颜色像素。

7.4.2　混合模式效果示例

以下示例说明了不同的混合模式影响图像外观的方式，如图 7-38 所示。一种混合模式产生的效果可能会有很大差异，具体取决于基础图像的颜色和应用的混合模式的类型。

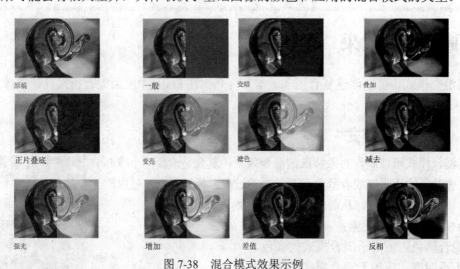

图 7-38　混合模式效果示例

7.5　技能训练

下面通过多个上机练习实例，巩固所学知识。

7.5.1　上机练习 1：为海底世界动画添加音乐

本例先导入声音到库，然后通过【时间轴】面板新建图层，将声音添加到图层上，设置声音的效果和其他属性。

操作步骤

1 打开光盘中的 "...\Example\Ch07\7.5.1.fla" 练习文件，选择【文件】|【导入】|【导入到库】命令，打开【导入到库】对话框后，选择 "bg_loop.wav" 声音文件，再单击【打开】按钮，如图 7-39 所示。

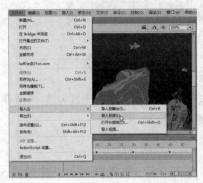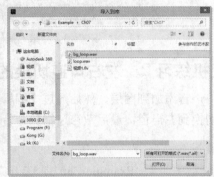

图 7-39　导入声音到库

2 在时间轴上新建图层，重命名图层为【音乐】，然后选择【音乐】图层第 1 帧，打开【属性】面板添加声音到图层，如图 7-40 所示。

图 7-40　新建图层并加入音乐

3 选择【音乐】图层的任意帧，打开【属性】面板，设置声音的效果为【淡入】，如图 7-41 所示。

4 打开【属性】面板，设置同步选项和重复播放次数，如图 7-42 所示。

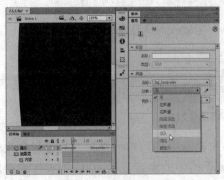

图 7-41　设置声音效果　　　　图 7-42　设置同步和循环

5 设置声音属性后，在【时间轴】面板上单击【播放】按钮 ，播放时间轴测试声音效果，如图 7-43 所示。

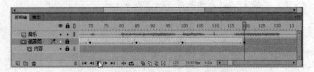

图 7-43　播放时间轴测试声音效果

7.5.2　上机练习 2：左右声道切换的动画场景

本例先将声音添加到图层，然后通过【编辑封套】对话框设置声音从左声道换到右声道，再从右声道切换到左声道，最后双声道播放声音的效果。

操作步骤

1 打开光盘中的"…\Example\Ch07\7.5.2.fla"练习文件，在时间轴上新建图层 5，打开【属性】面板，将声音添加到图层 5，如图 7-44 所示。

图 7-44　新建图层并添加声音

2 在【属性】面板中设置声音属性，单击【编辑声音封套】按钮，打开【编辑封套】对话框后，多次单击【缩小】按钮 ，直至在对话框中显示所有声音波纹图示，如图 7-45 所示。

图 7-45　编辑声音封套

3 在左、右声道的封套线上单击，添加多个封套手柄，然后选择左声道封套线的第一个封套手柄，并将该手柄移到下方，以设置该封套手柄中的声音音量为 0，即设置左声道声音从静音开始播放，如图 7-46 所示。

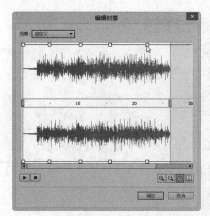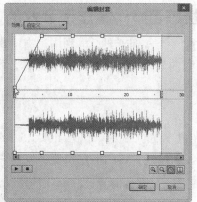

图 7-46　添加封套手柄并调整第一个手柄的位置

4 选择左声道封套线第三个封套手柄，将该手柄移到底下的位置，然后选择左声道的第五个封套手柄并调整位置，接着使用相同的方法，分别调整右声道部分封套手柄的位置，从而设置左右声道互相切换的声音效果，如图 7-47 所示。

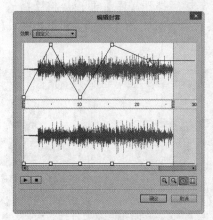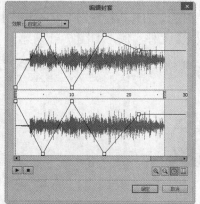

图 7-47　调整左右声道其他封套手柄的位置

5 编辑声音封套后，在【编辑封套】对话框中单击【播放声音】按钮 ▶，播放声音以测试效果，完成后单击【确定】按钮，如图 7-48 所示。

6 按 Ctrl+Enter 键，通过 Flash 播放器播放动画，检查声音最终的播放效果，如图 7-49 所示。

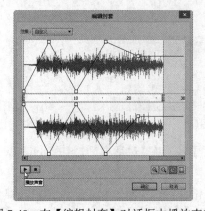

图 7-48　在【编辑封套】对话框中播放声音　　　　图 7-49　测试动画效果

7.5.3 上机练习 3：制作带音效的播放按钮

本例需新建一个按钮元件，再利用已有的影片剪辑元件加入到按钮中，制作按钮弹起和指针经过状态不同的效果，然后导入声音到库，将声音添加到【指针经过】状态帧中，最后将按钮元件加入舞台即可。

操作步骤

1 打开光盘中的 "...\Example\Ch07\7.5.3.fla" 练习文件，选择【插入】|【新建元件】命令，打开【创建新元件】对话框后设置名称和类型，然后单击【确定】按钮，如图 7-50 所示。

图 7-50　新建按钮元件

2 选择按钮元件图层 1 的【弹起】状态帧，然后打开【库】面板，将【播放 1】元件拖入工作区，在图层 1 的【指针经过】状态帧上插入关键帧，将【播放 2】元件拖入工作区，完全覆盖【播放 1】元件实例，如图 7-51 所示。

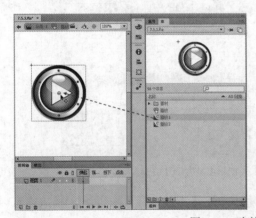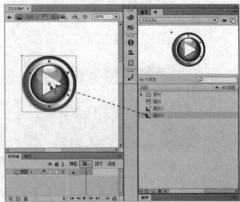

图 7-51　为按钮添加内容

3 在【时间轴】面板上选择图层 1 的【点击】状态帧，按 F5 键插入帧，然后新建图层 2，如图 7-52 所示。

图 7-52　插入帧并新建图层

4 选择【文件】|【导入】|【导入到库】命令，打开【导入到库】对话框后，选择 "click.wav" 声音文件，再单击【打开】按钮，如图 7-53 所示。

5 在按钮元件编辑窗口的时间轴上选择图层 2 的【指针经过】状态帧，插入空白关键帧，通过【属性】面板将声音添加到空白关键帧上，如图 7-54 所示。

图 7-53 导入声音到库

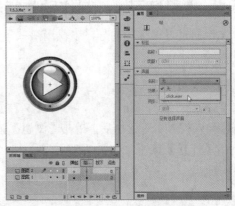

图 7-54 添加声音到按钮

6 返回场景 1 中，在时间轴上新建图层 2，选择图层 2 的第 1 帧，然后将【库】面板的【播放】按钮加入舞台并放置在舞台中央，如图 7-55 所示。

图 7-55 新建图层并加入按钮元件

7 按 Ctrl+Enter 键，通过 Flash 播放器播放动画，当鼠标移到按钮上，按钮即发出声音，如图 7-56 所示。

图 7-56 测试动画的按钮效果

7.5.4 上机练习4：制作动物特辑的视频动画

本例通过导入视频向导，以供渐进式下载的方式导入视频到 Flash 中，制作出一个动物特辑的视频动画。

操作步骤

1 新建一个 Flash 文件，打开【文件】菜单，然后选择【导入】|【导入视频】命令，打开【导入视频】对话框后，单击【浏览】按钮打开【打开】对话框，接着选择视频素材文件，再单击【打开】按钮，如图 7-57 所示。

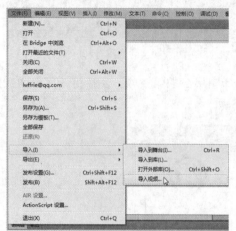

图 7-57　导入视频

2 返回【导入视频】对话框后，选择【使用播放器组件加载外部视频】单选项，然后单击【下一步】按钮，如图 7-58 所示。

3 此时【导入视频】向导将进入外观设定界面，可以选择一种播放组件外观，并设置对应的颜色，然后单击【下一步】按钮，如图 7-59 所示。

图 7-58　选择使用视频的方法　　　　图 7-59　设定播放器外观

4 向导显示导入视频的所有信息，查看无误后，即可单击【完成】按钮，如图 7-60 所示。

5 导入视频后，选择视频对象，在【属性】面板上设置对象的 X 和 Y 的数值均为 0，以便将视频放置在舞台内，如图 7-61 所示

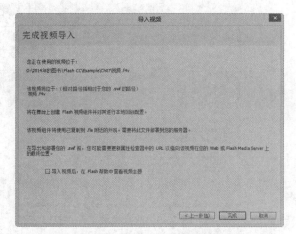

图 7-60　查看信息并完成导入

图 7-61　设置视频对象的位置

6 在工作区空白位置上单击，取消选择视频对象，再设置舞台的大小为 640×360，使舞台和视频对象的大小一样，如图 7-62 所示。

7 完成上述操作后，即可保存 Flash 文件到源视频文件的同一目录，然后按 Ctrl+Enter 键，测试动画播放效果。可以单击视频上的播放组件，播放视频，如图 7-63 所示。

图 7-62　设置舞台的大小

图 7-63　通过播放器查看视频

7.5.5　上机练习 5：制作由时间轴播放的视频动画

本例使用导入视频向导，以嵌入 FLV 到时间轴的方式将视频导入 Flash 文件，制作可以通过时间轴控制播放的视频动画。

操作步骤

1 打开光盘中的 "...\Example\Ch07\7.5.5.fla" 练习文件，再打开【文件】菜单，然后选择【导入】|【导入视频】命令，如图 7-64 所示。

2 打开【导入视频】对话框后，单击【浏览】按钮打开【打开】对话框，然后选择视频素材文件，再单击【打开】按钮，如图 7-65 所示。

3 在【导入视频】对话框中选择【在 SWF 中嵌入 FLV 并在时间轴中播放】单选项，然后单击【下一步】按钮，如图 7-66 所示。

图 7-64　导入视频

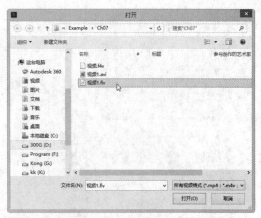

图 7-65　选择视频文件并打开

4 进入【嵌入】向导界面后，设置符号类型为【嵌入的视频】，然后全选向导界面上的其他复选项，再单击【下一步】按钮，如图 7-67 所示。

图 7-66　选择使用视频方法

图 7-67　设置嵌入选项

5 此时向导显示导入视频的所有信息，查看无误后，即可单击【完成】按钮，如图 7-68 所示。

6 返回 Flash 文件中，可以看到视频被导入到舞台，此时选择视频对象，打开【属性】面板设置 X 和 Y 的位置均为 0，如图 7-69 所示。

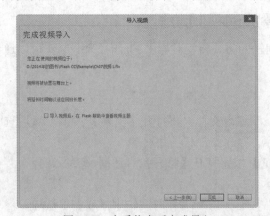

图 7-68　查看信息后完成导入

图 7-69　设置视频对象的位置

7.5.6 上机练习 6: 使用 FLV 回放组件应用视频

通过 FLVPlayback 组件，可以将视频播放器包括在 Flash 应用程序中。本例新建一个 Flash 文件，在 Flash 文件中加入 FLVPlayback 组件，然后通过组件指定播放视频，通过 Flash 文件应用视频。

操作步骤

1 启动 Flash CC 应用程序并选择【文件】|【新建】命令，然后选择【ActionScript 3.0】类型，再设置舞台的宽高，单击【确定】按钮，如图 7-70 所示。

2 新建 Flash 文件后，按 Ctrl+S 键打开【另存为】对话框，然后设置保存文件的位置和文件名，再单击【保存】按钮，如图 7-71 所示。

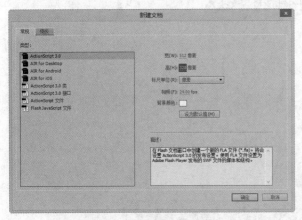

图 7-70　新建 Flash 文件

图 7-71　保存新建的文件

3 选择【窗口】|【组件】命令（或按 Ctrl+F7 键），打开【组件】面板，选到【FLVPlayback 2.5】组件并将它拖到舞台上，如图 7-72 所示。

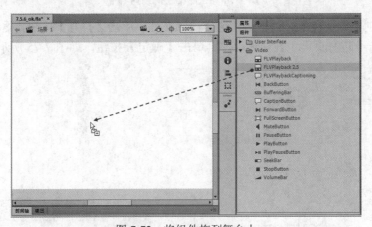

图 7-72　将组件拖到舞台上

4 选择舞台上的组件对象，打开【属性】面板并设置 X/Y 位置均为 0，然后单击【将宽度值和高度值锁定在一起】按钮 🔗 解开锁定，接着设置组件对象的宽高，如图 7-73 所示。

5 选择组件并打开【属性】面板的【组件参数】选项卡，然后单击【source】项右边的【设置】按钮 ✎，打开【内容路径】对话框后，单击【浏览】按钮 📂，如图 7-74 所示。

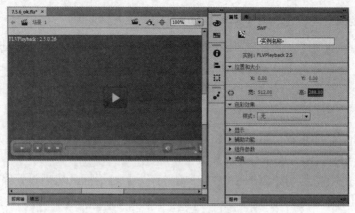

图 7-73　设置组件的位置和大小

图 7-74　准备设置视频内容

6 打开【浏览源文件】对话框后，选择视频文件，单击【打开】按钮，返回【内容路径】对话框后，选择【匹配源尺寸】复选项，再单击【确定】按钮，如图 7-75 所示。

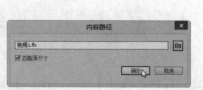

图 7-75　指定视频文件并匹配源尺寸

7 单击【组件参数】选项卡【skin】项目右边的【设置】按钮，然后在【选择外观】对话框中选择一种回放组件外观并选择一种颜色，单击【确定】按钮，如图 7-76 所示。

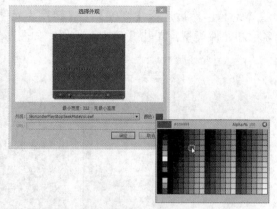

图 7-76　设置回放组件的外观

8 按 Ctrl+Enter 键，测试动画播放效果，如图 7-77 所示。

图 7-77　测试动画播放效果

7.5.7　上机练习 7：通过滤镜美化横幅的标题

本例先使用【文本工具】在横幅上输入文本，再将文本转换为影片剪辑元件，然后为影片剪辑元件实例应用【投影】和【斜角】滤镜，最后制作元件实例从横幅左侧飞入横幅中央的传统补间动画。

操作步骤

1 打开光盘中的 "...\Example\Ch07\7.5.7.fla" 练习文件，在【工具】面板中选择【文本工具】，打开【属性】面板并设置文本类型和字符属性，然后在时间轴上选择图层 3，并在该图层上输入文本，如图 7-78 所示。

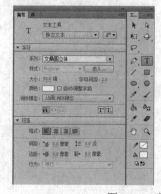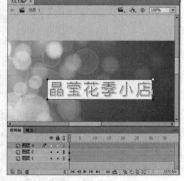

图 7-78　在舞台上输入文本

2 选择文本对象，然后选择【修改】|【转换为元件】命令，打开【转换为元件】对话框后，设置名称和元件类型，单击【确定】按钮，如图 7-79 所示。

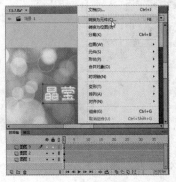

图 7-79　将文本转换为影片剪辑元件

3 选择舞台上的影片剪辑元件实例，打开【属性】面板并为实例添加【投影】滤镜，然后设置滤镜的各项参数和颜色，如图 7-80 所示。

4 选择影片剪辑元件实例，然后通过【属性】面板为实例添加【斜角】滤镜，再设置滤镜的各项参数，其中阴影颜色为【黄色】、加亮颜色为【白色】，如图 7-81 所示。

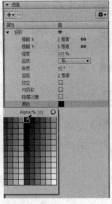

图 7-80　为实例应用【投影】滤镜　　　　　图 7-81　为实例应用【斜角】滤镜

5 选择图层 3 的第 40 帧，按 F6 键插入关键帧，再选择图层 3 的第 1 帧，并将元件实例移到舞台的左侧外，如图 7-82 所示。

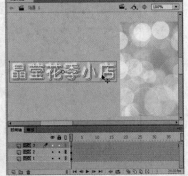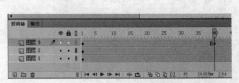

图 7-82　插入关键帧并调整实例的位置

6 选择图层 3 关键帧之间的任意帧，单击右键并选择【创建传统补间】命令，创建传统补间动画，接着按 Ctrl+Enter 键，通过 Flash 播放器测试动画的效果，如图 7-83 所示。

图 7-83　创建传统补间动画并查看效果

7.6　评测习题

一、填充题

（1）Flash CC 提供了＿＿＿＿＿、开始、停止、数据流 4 种声音同步方式。

（2）编辑声音封套，可以让用户定义声音的起始点，或在播放时控制声音的＿＿＿＿＿。

（3）Flash 支持视频播放，我们可以将多种格式的视频导入到 Flash，但是除了 FLV 和＿＿＿＿＿格式的视频外，其他视频格式需要经过 Adobe Media Encoder 程序转换才可以直接导入到 Flash。

（4）＿＿＿＿＿＿＿＿＿＿滤镜可以在发光表面产生带渐变颜色的发光效果。

二、选择题

（1）哪种声音同步方式可以在下载了足够的数据后就开始播放声音，即一边下载声音一边播放声音？　　　　　　　　　　　　　　　　　　　　　　　　　（　　）

　　A．事件　　　　　B．开始　　　　　C．停止　　　　　D．数据流

（2）在 Flash 中，不能对以下哪种类型的对象应用滤镜？　　　　　　　　（　　）

　　A．文本　　　　　B．按钮　　　　　C．影片剪辑　　　　D．形状

（3）混合模式不包含以下哪种元素？　　　　　　　　　　　　　　　　（　　）

　　A．混合颜色　　　B．不透明度　　　C．基准颜色　　　　D．锐化

三、判断题

（1）从 Web 服务器渐进式下载的方法保持视频文件处于 Flash 文件和生成的 SWF 文件的外部，使 SWF 文件大小可以保持较小。　　　　　　　　　　　　　　　（　　）

（2）使用嵌入文件的方式导入视频，其优点是在运行时，Flash Player 将视频文件从计算机的磁盘驱动器加载到 SWF 文件中。　　　　　　　　　　　　　　　（　　）

（3）混合模式不仅取决于要应用混合的对象的颜色，还取决于基础颜色。　（　　）

四、操作题

将练习文件中提供的影片剪辑元件加入舞台，并为影片剪辑实例设置混合模式，以制作出

特殊的效果，结果如图 7-84 所示。

图 7-84 应用混合模式的结果

操作提示

（1）打开光盘中的 "...\Example\Ch07\7.6.fla" 练习文件，在【时间轴】面板上选择图层 2，然后打开【库】面板，将【元件 1】影片剪辑元件拖到舞台上。

（2）选择舞台上的【元件 1】影片剪辑元件实例，使用【任意变形工具】等比例缩小元件实例。

（3）选择舞台上的【元件 1】影片剪辑元件实例，打开【属性】面板的【显示】选项组，再打开【混合】列表框，选择【正片叠底】选项，为影片剪辑设置混合模式。

第8章　应用 ActionScript 编程

学习目标

ActionScript 是 Flash 的脚本撰写语言，使用 ActionScript 可以使 Flash 以灵活的方式播放动画，并制作各种无法以时间轴表示的复杂效果。本章将介绍 ActionScript 3.0 在 Flash 上的应用。

学习重点

☑ ActionScript 3.0 入门知识
☑ 使用 ActionScript 3.0 处理影片剪辑
☑ 使用 ActionScript 3.0 处理声音和视频
☑ 使用【代码片断】面板

8.1　关于 ActionScript 3.0

ActionScript 是用来向 Flash 应用程序添加交互性的语言,此类应用程序可以是简单的 SWF 动画文件，也可以是复杂的功能丰富的 Internet 应用程序。如果要提供基本或复杂的与用户的交互性、使用除内置于 Flash 中的对象之外的其他对象（如按钮和影片剪辑）或者想以其他方式让 SWF 文件具有更可靠的用户体验，此时，就需要使用 ActionScript。

8.1.1　ActionScript 的版本

Flash 使用的 ActionScript 语言包含 ActionScript 1.0、ActionScript 2.0、ActionScript 3.0 这3 个版本，各个版本的说明如下。

● ActionScript 1.0：最简单的 ActionScript，但仍为 Flash Lite Player 的一些版本所使用，ActionScript 1.0 和 2.0 可共存于同一个 Flash 文件中。

● ActionScript 2.0：也基于 ECMAScript 规范，但并不完全遵循该规范，而且 Flash Player 运行编译后的 ActionScript 2.0 代码比运行编译后的 ActionScript 3.0 代码的速度慢。但是 ActionScript 2.0 对于许多计算量不大的项目仍然十分有用，目前很多 Flash 动画基本的交互控制都是使用 ActionScript 2.0 来实现的。

● ActionScript 3.0：这种版本的 ActionScript 的执行速度极快，与其他 ActionScript 版本相比，此版本要求开发人员对面向对象的编程概念有更深入的了解。

8.1.2　ActionScript 3.0 的特色

Flash CC 只支持 ActionScript 3.0 语言，对 ActionScript 3.0 之前的版本不再提供支持。

ActionScript 3.0 是 Flash CC 配置的唯一 ActionScript 脚本语言，它在 Flash 内容和应用程序中实现了交互性、数据处理以及其他功能。下面来了解 ActionScript 3.0 的特色：

（1）新增的 ActionScript 虚拟机，称之为 AVM2，它用来执行 Flash Player 中的 ActionScript。AVM2 使用全新的字节码指令集，可使性能显著提高。

（2）提供更为先进的编译器代码库，它更为严格地遵循 ECMAScript（ECMA 262）标准，并且相对于早期的编译器版本，可执行更深入的优化。

（3）扩展并改进的应用程序编程接口（API），拥有对对象的低级控制和真正意义上的面向对象的模型。

（4）完全基于即将发布的 ECMAScript（ECMA-262）的语言规范。

（5）提供基于 ECMAScript for XML（E4X）规范的 XML API。其中，E4X 是 ECMAScript 的一种语言扩展，它将 XML 添加为语言的本机数据类型。

（6）提供基于文档对象模型（DOM）第 3 级事件规范的事件模型。

8.1.3　ActionScript 3.0 优缺点

ActionScript 3.0 的脚本编写功能超越了 ActionScript 的早期版本，可以通过强大的编写功能，创建拥有大型数据集和面向对象的可重用代码库的高度复杂应用程序。

ActionScript 3.0 使用新型的虚拟机 AVM2 实现了性能的改善，其执行代码的速度可以比旧的 ActionScript 快 10 倍。

另外，ActionScript 3.0 改进了部分包括新增的核心语言功能，并能够更好地控制低级对象的改进 Flash Player API。

不过，ActionScript 3.0 需要 Flash Player 9 及以上版本播放器支持，而且在 Flash Player 9 中引入 ActionScript 3.0 后，对在 Flash Player 9 中运行的旧内容和新内容之间的操作会出现一些兼容性问题，主要的问题如下：

（1）单个 SWF 文件无法将 ActionScript 1.0 或 ActionScript 2.0 代码和 ActionScript 3.0 代码组合在一起。

（2）ActionScript 3.0 代码可以加载以 ActionScript 1.0 或 ActionScript 2.0 编写的 SWF 文件，但它无法访问这个 SWF 文件的变量和函数。

（3）以 ActionScript 1.0 或 ActionScript 2.0 编写的 SWF 文件无法加载以 ActionScript 3.0 编写的 SWF 文件。

（4）如果以 ActionScript 1.0 或 ActionScript 2.0 编写的 SWF 文件若要与以 ActionScript 3.0 编写的 SWF 文件一起工作，则必须进行迁移。例如，使用 ActionScript 2.0 创建一个对象，该对象可以加载同样是使用 ActionScript 2.0 创建的各种内容，但无法将 ActionScript 3.0 创建的新内容加载到该对象中。此时，用户就必须将对象迁移到 ActionScript 3.0 中。但是，如果用户在 ActionScript 3.0 中创建一个对象，则该对象可以执行 ActionScript 2.0 内容的简单加载。

8.2　使用 ActionScript 3.0

在 Flash 中，可以通过以下方法使用 ActionScript 3.0。

方法 1　可以通过【动作】面板亲自编写 ActionScript 代码，或者将相关的 ActionScript 语法插入，并设置简单的参数即可，如图 8-1 所示。

方法 2　通过【代码片断】面板使用预设的 ActionScript 语言，如图 8-2 所示。

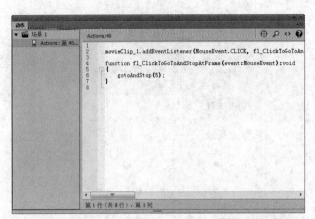

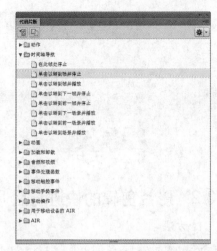

图 8-1　通过【动作】面板编写 ActionScript 代码　　图 8-2　通过【代码片断】使用 ActionScript

8.3　处理影片剪辑

　　影片剪辑对于使用 Flash 创建动画内容并想要通过 ActionScript 控制该内容来说很重要。只要在 Flash 中创建影片剪辑元件，Flash 就会将该元件添加到该 Flash 文件的库中。在默认情况下，此元件会成为 MovieClip 类等具有 MovieClip 类的属性和方法。

　　Flash 利用时间轴来形象地表示动画或状态改变。任何使用时间轴的可视元素都必须为 MovieClip 对象或从 MovieClip 类扩展而来。

　　问：什么是 MovieClip 对象？

　　答：在发布 SWF 文件时，Flash 会将舞台上的所有影片剪辑元件实例转换为 MovieClip 对象。通过在【属性】面板的【实例名称】字段中指定影片剪辑元件的实例名称，即可在 ActionScript 中使用该元件。

8.3.1　影片剪辑的播放与停止

　　ActionScript 可以通过使用 MovieClip 对象，控制任何影片剪辑的停止、播放或转至时间轴上的另一点。

　　1. 方法

　　play()和 stop()方法允许对时间轴上的影片剪辑进行基本控制。

　　2. 举例

　　示例文件：..\Example\Ch08\8.3.1_ok.fla。

　　举例：假设舞台上有一个影片剪辑元件，其中包含一个汽车横穿屏幕的动画，其实例名设置为【Car】。如果将代码 "car.stop();" 附加到主时间轴上的关键帧，汽车将不会移动（将不播放其动画），如图 8-3 所示。

图 8-3　控制影片剪辑停止播放

8.3.2　影片剪辑的快进与后退

1. 方法

在影片剪辑中，play()和stop()方法并非是控制播放的唯一方法，也可以使用nextFrame()和prevFrame()方法手动向前或向后沿时间轴移动播放头。调用这两种方法中的任何一种方法均会停止播放并分别使播放头向前或向后移动一帧。

2. 举例

示例文件：..\Example\Ch08\8.3.2_ok.fla。

举例：使用play()方法类似于每次触发影片剪辑对象的enterFrame事件时调用nextFrame()。使用此方法，可以为enterFrame事件创建一个事件侦听器并在侦听器函数中让car回到前一帧，从而使car影片剪辑向后播放，如图8-4所示。

图 8-4　控制影片剪辑的后退

代码编写如下：

```
function everyFrame(event:Event):void
{
if (car.currentFrame == 1)
{
car.gotoAndStop(car.totalFrames);
}
else
{
car.prevFrame();
}
}
car.addEventListener(Event.ENTER_FRAME, everyFrame);
```

8.3.3 跳到指定帧停止或播放

1. 方法

使用 gotoAndPlay()或 gotoAndStop()可以使影片剪辑跳到指定参数的帧编号，或者传递一个与帧标签名称匹配的字符串（可以为时间轴上的任何帧分配一个标签）。

2. 设置帧标签

当创建复杂的影片剪辑时，使用帧标签比使用帧编号具有明显优势。当动画中的帧、图层和补间变得很多时，应考虑给重要的帧加上具有解释性说明的标签来表示影片剪辑中的行为转换。设置帧标签名称如图 8-5 所示。

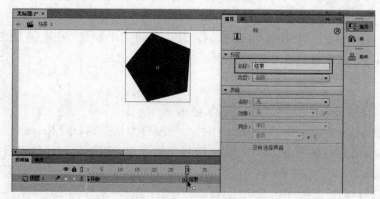

图 8-5　设置帧标签名称

3. 举例

示例文件：..\Example\Ch08\8.3.3_ok.fla。

下面的示例为 MovieClip 的指定帧设置帧标签名称为【restart】，然后为帧使用 gotoAndPlay()，使播放头播放到添加代码的帧后，即跳转到帧标签名称为【restart】的帧并继续播放，如图 8-6所示。

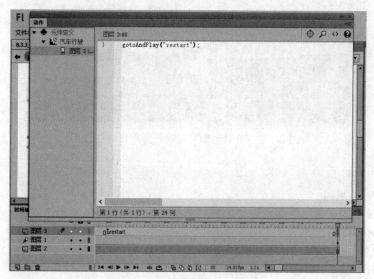

图 8-6　设置跳到指定帧播放

8.4 处理声音

在 Flash 中，可以使用 ActionScript 来加载和控制声音。例如，可以在 ActionScript 中设置播放和暂停声音，也可以调整声音的特性。

8.4.1 加载外部声音文件

1. 方法

在 Flash 中，可以使用 Sound 类加载声音。Sound 类的每个实例都可加载并触发特定声音资源的播放。但需要注意，应用程序无法重复使用 Sound 对象来加载多种声音，如果要加载新的声音资源，则应创建一个新的 Sound 对象。

Sound()构造函数接受一个 URLRequest 对象作为其第一个参数。在提供 URLRequest 参数的值后，新的 Sound 对象将自动开始加载指定的声音资源。

2. 举例

示例文件：..\Example\Ch08\8.4.1_ok.fla、loop_bg.mp3。

下面示例的代码先创建一个新的 Sound 对象，但没有为其指定 URLRequest 参数的初始值。然后，它通过 Sound 对象侦听 Event.COMPLETE 事件，该对象致使在加载完所有声音数据后执行 onSoundLoaded()方法。接下来，它使用新的 URLRequest 值为声音文件调用 Sound.load()方法。在加载完声音后，将执行 onSoundLoaded()方法。Event 对象的 target 属性是对 Sound 对象的引用。如果调用 Sound 对象的 play()方法，则会启动声音播放。因此，Flash 文件在加入下面代码后，在打开该文件发布的 SWF 文件时，随即播放与文件同目录下的【loop_bg.mp3】声音，如图 8-7 所示。

图 8-7　打开动画即可加载外部声音并播放

编写代码如下：

```
import flash.events.Event;
import flash.media.Sound;
import flash.net.URLRequest;
var s:Sound = new Sound();
s.addEventListener(Event.COMPLETE, onSoundLoaded);
var req:URLRequest = new URLRequest("loop_bg.mp3");
```

```
s.load(req);
function onSoundLoaded(event:Event):void
{
var localSound:Sound = event.target as Sound;
localSound.play();
}
```

8.4.2 使用嵌入的声音文件

Flash 可导入多种声音格式的声音并将其作为元件存储在库中，然后可以直接将其分配给时间轴上的帧或按钮状态的帧，或直接在 ActionScript 代码中使用它们。

1. 准备工作

（1）选择【文件】|【导入】|【导入到库】命令，然后选择一个声音文件并导入它。

（2）在【库】面板中，用鼠标右键单击导入的文件的名称，然后选择【属性】命令。

（3）在打开的对话框中选择【为 ActionScript 导出】复选框，然后在【类】字段中输入一个名称，以便在 ActionScript 中引用此嵌入的声音时使用。在默认情况下，它将使用此字段中声音文件的名称。如果文件名包含句点（如名称"loop_bg.mp3"），则必须将其更改为类似于"loop_bg"这样的名称，如图 8-8 所示。

（4）单击【确定】按钮。此时可能出现一个对话框，指出无法在类路径中找到该类的定义。直接单击【确定】按钮继续即可。如果输入的类名称与应用程序的类路径中任何类的名称都不匹配，则会自动生成从 flash.media.Sound 类继承的新类。

2. 方法

要使用嵌入的声音，需要在 ActionScript 中引用该声音的类名称。

3. 举例

示例文件：..\Example\Ch08\8.4.2_ok.fla。

下例通过创建自动生成的 **loop_bg** 类的一个新实例来启动声音播放，如图 8-9 所示。编写代码如下：

```
var drum:loop_bg = new loop_bg();
var channel:SoundChannel = drum.play();
```

图 8-8 设置为 ActionScript 导出

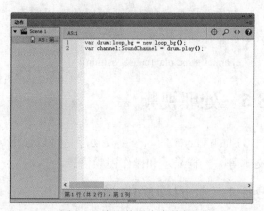

图 8-9 编写使用声音的代码

237

8.4.3　声音的播放、暂停与恢复播放

1. 播放声音

播放加载的声音非常简便，只需为 Sound 对象调用 Sound.play()方法，如下所示：

```
var snd:Sound = new Sound(new URLRequest("loop_bg.mp3"));
snd.play();
```

2. 指定播放位置和次数

通过将特定起始位置（以毫秒为单位）作为 Sound.play()方法的 startTime 参数进行传递，应用程序可以从该位置播放声音。

它也可以通过在 Sound.play()方法的 loops 参数中传递一个数值，指定快速且连续地将声音重复播放固定的次数。使用 startTime 参数和 loops 参数调用 Sound.play()方法时，每次将从相同的起始点重复播放声音，如以下代码中所示：

```
var snd:Sound = new Sound(new URLRequest("repeatingSound.mp3"));
snd.play(1000, 3);
```

在上面示例中，从声音开始后的 1 秒起连续播放声音三次。

3. 暂停和恢复播放声音

如果应用程序播放很长的声音，可能需要暂停和恢复播放这些声音。实际上，无法在 ActionScript 中的播放期间暂停声音，而只能将其停止。但是，可以从任何位置开始播放声音。所以，可以在停止播放声音时记录声音停止时的位置，并随后从该位置开始重放声音，从而达到暂停的效果。

例如，假定代码加载并播放一个声音文件，如下所示：

```
var snd:Sound = new Sound(new URLRequest("bigSound.mp3"));
var channel:SoundChannel = snd.play();
```

在播放声音的同时，SoundChannel.position 属性指示当前播放到的声音文件位置。应用程序可以在停止播放声音之前存储位置值，如下所示：

```
var pausePosition:int = channel.position;
channel.stop();
```

如果要恢复播放声音，可以传递以前存储的位置值，以便从声音以前停止的相同位置重新启动声音，如下所示：

```
channel = snd.play(pausePosition);
```

8.5　处理视频

Flash Player 的一个重要功能是可以使用 ActionScript 像操作其他可视内容（如图像、动画、文本等）一样显示和操作视频信息。

8.5.1　处理视频的类

在 ActionScript 中处理视频涉及多个类的联合使用，这些类的说明如下：

- Video 类：舞台上的传统视频内容框是 Video 类的一个实例。Video 类是一种显示对象，因此可以使用适用于其他显示对象的同样的技术（比如定位、应用变形、应用滤镜和混合模式等）进行操作。

- StageVideo 类：Video 类通常使用软件解码和呈现。当设备上的 GPU（图形处理器，简单指显卡的中央处理器芯片）硬件加速可用时，应用程序可以切换到 StageVideo 类以利用硬件加速呈现。StageVideo API 包括一组事件，这些事件可提示代码何时在 StageVideo 和 Video 对象之间进行切换。

- NetStream 类：当加载将由 ActionScript 控制的视频文件时，NetStream 实例表示视频内容的源（即视频数据流）。使用 NetStream 实例也涉及 NetConnection 对象的使用，该对象是到视频文件的连接，它好比是视频数据馈送的通道。

- Camera 类：当使用的视频数据来自与用户计算机相连接的摄像头时，Camera 实例表示视频内容的源，即用户的摄像头以及它所提供的视频数据。

8.5.2　加载视频文件

使用 NetStream 和 NetConnection 类加载视频是一个多步骤过程。对于将 Video 对象添加到显示列表、将 NetStream 对象附加到 Video 实例以及调用 NetStream 对象的 play()方法，可以按照以下顺序执行这些步骤（示例文件：..\Example\Ch08\8.5.2_ok.fla）：

动手操作　加载视频文件

1 创建一个 NetConnection 对象。如果要连接到本地视频文件或者未使用 Adobe Flash Media Server 2 之类的服务器的视频文件，则可以将 null 传给 connect()方法，以从 HTTP 地址或本地驱动器上播放视频文件。如果要连接到服务器，则可以将该参数设置为包含服务器上视频文件的应用程序的 URI。代码编写如下：

```
var nc:NetConnection = new NetConnection();
nc.connect(null);
```

2 创建一个用来显示视频的新 Video 对象，将其添加到舞台显示列表。代码编写如下：

```
var vid:Video = new Video();
addChild(vid);
```

3 创建一个 NetStream 对象，将 NetConnection 对象作为一个参数传递给构造函数。以下代码片段将 NetStream 对象连接到 NetConnection 实例并设置该流的事件处理函数：

```
var ns:NetStream = new NetStream(nc);
ns.addEventListener(NetStatusEvent.NET_STATUS,netStatusHandler);
ns.addEventListener(AsyncErrorEvent.ASYNC_ERROR, asyncErrorHandler);
function netStatusHandler(event:NetStatusEvent):void
{
//处理netStatus事件的函数
}
function asyncErrorHandler(event:AsyncErrorEvent):void
{
//忽略错误
}
```

4 使用 Video 对象的 attachNetStream()方法将 NetStream 对象附加到 Video 对象，如以下代码所示：

```
vid.attachNetStream(ns);
```

5 调用 NetStream 对象的 play()方法，同时将视频文件 URL 作为开始视频播放的参数。以下代码片段将加载并播放与 SWF 文件位于同一目录下的视频文件"video.mp4"：

```
ns.play("video.mp4");
```

8.5.3 控制视频播放

1. 方法

NetStream 类提供了 4 个用于控制视频播放的主要方法：

- pause()：暂停播放视频流。如果视频已经暂停，则调用此方法将不会执行任何操作。
- resume()：恢复播放已暂停的视频流。如果视频已在播放，则调用此方法将不会执行任何操作。
- seek()：搜索与指定位置（从视频流的开始处算起的偏移，以秒为单位）最靠近的关键帧。
- togglePause()：暂停或恢复播放流。

 对于控制视频播放，ActionScript 3.0 没有 stop()方法。为了停止视频流，必须暂停播放并找到视频流的开始位置。另外，play() 方法不会恢复播放，它用于加载视频文件。

2. 举例

示例文件：..\Example\Ch08\8.5.3_ok.fla。

以下示例演示使用 4 个不同的按钮控制视频，其中按钮实例名称分别为 pauseBtn、playBtn、stopBtn 和 togglePauseBtn。代码编写如下：

```
var nc:NetConnection = new NetConnection();
nc.connect(null);
var ns:NetStream = new NetStream(nc);
ns.addEventListener(AsyncErrorEvent.ASYNC_ERROR, asyncErrorHandler);
ns.play("video.flv");
function asyncErrorHandler(event:AsyncErrorEvent):void
{
//忽略错误
}
var vid:Video = new Video();
vid.attachNetStream(ns);
addChild(vid);
pauseBtn.addEventListener(MouseEvent.CLICK, pauseHandler);
playBtn.addEventListener(MouseEvent.CLICK, playHandler);
stopBtn.addEventListener(MouseEvent.CLICK, stopHandler);
togglePauseBtn.addEventListener(MouseEvent.CLICK, togglePauseHandler);
```

```
function pauseHandler(event:MouseEvent):void
{
ns.pause();
}
function playHandler(event:MouseEvent):void
{
ns.resume();
}
function stopHandler(event:MouseEvent):void
{
//暂停流和移动播放头回到流的开始。
ns.pause();
ns.seek(0);
}
function togglePauseHandler(event:MouseEvent):void
{
ns.togglePause();
}
```

8.6 应用预设代码片断

【代码片断】面板可以使非编程人员能轻松使用简单的 ActionScript 3.0。借助该面板，可以将 ActionScript 3.0 代码添加到 Flash 文件以启用常用功能。

1. 打开【代码片断】面板

选择【窗口】|【代码片断】命令，可以打开【代码片断】面板，如图 8-10 所示。

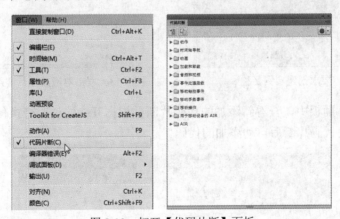

图 8-10　打开【代码片断】面板

另外，可以在【动作】面板中单击【代码片断】按钮打开【代码片断】面板，如图 8-11 所示。

2. 添加代码片段

动手操作　将代码片段添加到对象或时间轴的帧

1 选择【窗口】|【代码片断】命令，打开【代码片断】面板。

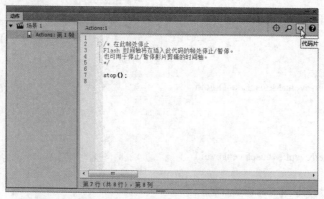

图 8-11　通过【动作】面板打开【代码片断】面板

2 选择舞台上的对象或时间轴中的帧。如果选择的对象不是元件实例或文本对象，则当应用该代码片断时，Flash 会将该对象转换为影片剪辑元件。如果选择的对象还没有实例名称，Flash 在应用代码片断时添加一个实例名称，如图 8-12 所示。

3 在【代码片断】面板中，双击要应用的代码片断，如图 8-13 所示。

图 8-12　要求创建实例名称

图 8-13　双击对应的项目即可添加代码片断

4 在【动作】面板中，查看新添加的代码片断并根据开头的说明替换任何必要的项。如图 8-14 所示为应用代码片断后自动添加的代码。

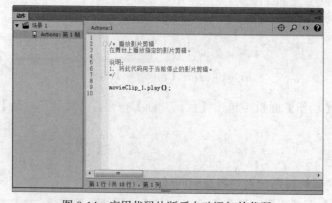

图 8-14　应用代码片断后自动添加的代码

8.7 技能训练

下面通过多个上机练习实例，巩固所学知识。

8.7.1 上机练习 1：单按钮加载与卸载外部 SWF 文件

本例先将按钮元件加入舞台并设置按钮元件实例名称，然后打开【动作】面板，添加加载与卸载外部 SWF 文件的代码，最后将 Flash 文件保存在 SWF 文件的同一目录。

操作步骤

1 打开光盘中的 "...\Example\Ch08\8.7.1.fla" 练习文件，选择图层 2 的第 1 帧，再打开【库】面板，将【加载】按钮元件拖到舞台的右下方，如图 8-15 所示。

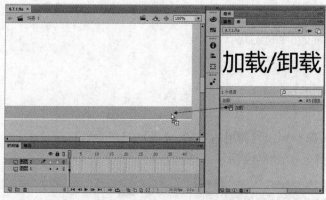

图 8-15　将按钮元件加入舞台

2 选择舞台上的按钮元件实例，打开【属性】面板并设置实例为【btn】，如图 8-16 所示。

3 在图层 2 上方新建一个图层并命名为【AS】，选择【AS】图层第 1 帧并单击鼠标右键，从菜单中选择【动作】命令，如图 8-17 所示。

图 8-16　设置元件实例名称

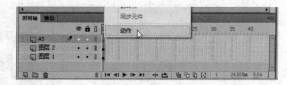

图 8-17　新建图层并打开【动作】面板

4 在 ActionScript 3.0 中，SWF 文件是使用 Loader 类来加载的。因此，打开【动作】面板后，即可定义按钮使用 Loader 类加载与卸载外部 SWF 文件，具体代码编写如下，结果如图 8-18 所示。

```
btn.addEventListener(MouseEvent.CLICK, fl_ClickToLoadUnloadSWF_1);
import fl.display.ProLoader;
var fl_ProLoader_1:ProLoader;
var fl_ToLoad_1:Boolean = true;
function fl_ClickToLoadUnloadSWF_1(event:MouseEvent):void
{
    if(fl_ToLoad_1)
    {
        fl_ProLoader_1 = new ProLoader();
        fl_ProLoader_1.load(new URLRequest("tv.swf"));
        addChild(fl_ProLoader_1);
    }
    else
    {
        fl_ProLoader_1.unload();
        removeChild(fl_ProLoader_1);
        fl_ProLoader_1 = null;
    }
    fl_ToLoad_1 = !fl_ToLoad_1;
}
```

5 将 Flash 文件保存到代码调用的 SWF 文件的目录中，以保证 Flash 文件发布动画后可以加载外部 SWF 文件，如图 8-19 所示。

图 8-18 编写代码　　　　　　图 8-19 将 Flash 文件与外部 SWF 文件保存在同一目录

6 按 Ctrl+Enter 键打开动画后单击【加载/卸载】按钮即可加载外部的 SWF 文件，再次单击则卸载 SWF 文件，如图 8-20 所示。

图 8-20 测试动画效果

8.7.2 上机练习 2：双按钮加载与卸载外部 SWF 文件

本例先将两个按钮元件加入舞台并分别设置按钮元件实例名称，然后打开【动作】面板，并添加加载与卸载外部 SWF 文件的代码，最后将 Flash 文件保存在 SWF 文件的同一目录。

操作步骤

1 打开光盘中的"...\Example\Ch08\8.7.2.fla"练习文件，选择舞台上表示显示器屏幕的元件实例，然后打开【属性】面板，记下实例的位置和大小，用于后续设置加载外部 SWF 文件的位置和大小，如图 8-21 所示。

2 选择舞台上的【打开】按钮元件实例，打开【属性】面板并设置实例名称，再选择舞台上的【关闭】按钮元件实例，通过【属性】面板设置实例名称，如图 8-22 所示。

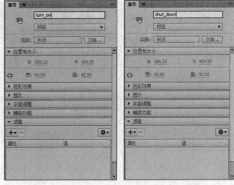

图 8-21 查看元件实例的大小和位置参数　　　图 8-22 为两个按钮元件实例设置名称

3 在时间轴上新建图层并命名为【AS】，选择【AS】图层第 1 帧并打开【动作】面板，然后编写以下代码，分别设置两个按钮单击后加载和卸载外部 SWF 文件，如图 8-23 所示。

```
turn_on.addEventListener(MouseEvent.CLICK,f1);
shut_down.addEventListener(MouseEvent.CLICK,f2);
var myloader:Loader=new Loader();
var myURL:URLRequest=new URLRequest("tv.swf");
myloader.load(myURL);
function f1(Event:MouseEvent):void {
        addChild(myloader);
        myloader.x=30;
        myloader.y=42;
        myloader.width =588;
        myloader.height =333;
//上述位置和大小的数值，使用步骤1所记录的元件实例的位置和大小参数。
}
function f2(Event:MouseEvent):void {
        removeChild(myloader);
}
```

4 按 Ctrl+Enter 键打开动画，单击【打开】按钮即可加载外部的 SWF 文件，单击【关闭】按钮则可卸载 SWF 文件，如图 8-24 所示。

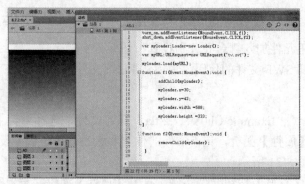

图 8-23　新建图层并编写代码

图 8-24　测试动画效果

8.7.3　上机练习 3：为横幅加载库的背景音乐

本例先将声音导入到库，再设置声音为 ActionScript 导出，然后通过【动作】面板编写加载库内声音的代码。

操作步骤

1 打开光盘中的"...\Example\Ch08\8.7.3.fla"练习文件，选择【文件】|【导入】|【导入到库】命令，打开【导入到库】对话框后，选择声音文件，再单击【打开】按钮，如图 8-25所示。

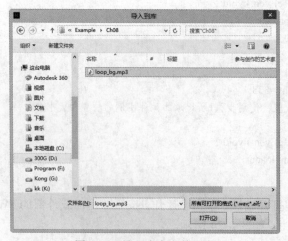

图 8-25　导入声音文件到库

2 打开【属性】面板，在声音对象上单击鼠标右键并选择【属性】命令，打开【声音属性】对话框后选择【ActionScript】选项卡，然后选择【为 ActionScript 导出】复选框，再设置类名称和基类，接着单击【确定】按钮，如图 8-26 所示。

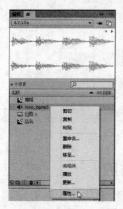

图 8-26 设置声音的 ActionScript 属性

3 此时出现一个对话框，指出无法在类路径中找到该类的定义。只需单击【确定】按钮继续即可，如图 8-27 所示。如果输入的类名称与应用程序的类路径中任何类的名称都不匹配，则会自动生成从 flash.media.Sound 类继承的新类。

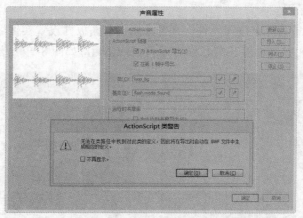

图 8-27 弹出提示对话框后单击【确定】按钮

4 在【时间轴】面板中新建图层并命名为【AS】，然后在【AS】图层第 1 帧上单击鼠标右键，再选择【动作】命令，接着输入以下代码，以播放已经导入到库的声音，如图 8-28 所示。

```
var drum:loop_bg = new loop_bg();
var channel:SoundChannel = drum.play(0,10);
```

问：代码 play(0,10)有什么含义？

答：如果要设置从声音特定起始位置开始播放，或者重复播放声音，可以通过在 play() 方法的 loops 参数中传递一个数值，指定快速且连续地将声音重复播放固定的次数，如上步骤的"play(0,10);"，即设置了从声音第 0 秒起连续播放 10 次。

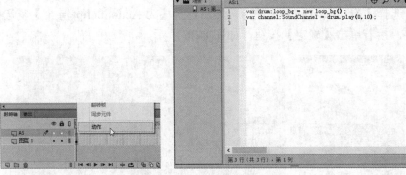

图 8-28　新建图层并编写代码

8.7.4　上机练习 4：使用按钮控制横幅音乐播放

本例先为舞台上的两个按钮元件实例设置名称，然后通过【动作】面板编写加载外部声音的代码，再编写单击【停止】按钮即停止播放声音和单击【播放】按钮即可重新播放声音的代码。

操作步骤

1 打开光盘中的 "...\Example\Ch08\8.7.4.fla" 练习文件，将用于载入的声音文件与练习文件放置在同一个目录里。

2 选择舞台上的【播放】按钮元件，打开【属性】面板并设置实例名称为【playButton】，再选择【停止】按钮元件，设置实例名称为【stopButton】，如图 8-29 所示。

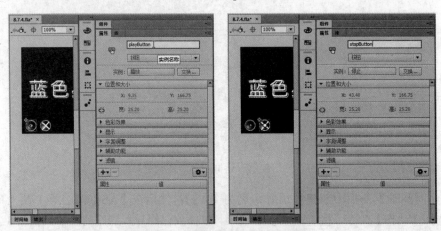

图 8-29　设置按钮元件的实例名称

3 在【时间轴】面板中新建图层并命名为【AS】，然后在 AS 图层第 1 帧中打开【动作】面板。

4 打开【动作】面板后，输入以下代码，以载入声音并进行播放，如图 8-30 所示。

```
var snd:Sound = new Sound(new URLRequest("bgMusic.mp3"));
var channel:SoundChannel = snd.play();
```

5 输入以下代码，在播放声音的同时指示当前播放到的声音文件的位置。当单击【暂停】按钮时，即可停止播放声音并存储当前位置，如图 8-31 所示。

```
stopButton.addEventListener(MouseEvent.CLICK, fl_ClickToPlayStopSound_1);
function fl_ClickToPlayStopSound_1(evt:MouseEvent):void
{
var pausePosition:int = channel.position;
channel.stop();
}
```

图 8-30　输入载入声音并播放的代码

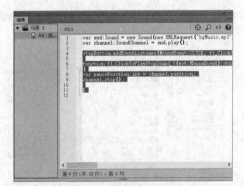
图 8-31　输入控制声音停止的代码

6 输入以下代码，为【播放】按钮设置动作，当单击【播放】按钮后，即传递以前存储的位置值，以便从声音停止的相同位置重新播放声音，如图 8-32 所示。

```
playButton.addEventListener(MouseEvent.CLICK, fl_ClickToPlayStopSound_2);

function fl_ClickToPlayStopSound_2(evt:MouseEvent):void
{
var pausePosition:int = channel.position;
channel = snd.play(pausePosition);
}
```

7 完成上述操作后，即可保存文件，按 **Ctrl+Enter** 键或者选择【控制】|【测试】命令，测试动画播放效果，如图 8-33 所示。

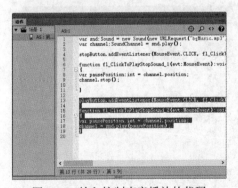
图 8-32　输入控制声音播放的代码

图 8-33　通过按钮控制声音播放

8.7.5　上机练习 5：通过加载视频方式制作广告

本例先将 Video 对象添加到显示列表，再将 NetStream 对象附加到 Video 实例并调用 NetStream 对象的 play() 方法，最后将外部视频文件加载到 SWF 文件中，以制作视频广告动画。

操作步骤

1 打开光盘中的 "...\Example\Ch08\8.7.5.fla" 练习文件，然后将用于载入的视频文件与练习文件放置在同一个目录里，如图 8-34 所示。

2 在【时间轴】面板中选择图层，然后在该图层第 1 帧上单击鼠标右键，再选择【动作】命令，如图 8-35 所示。

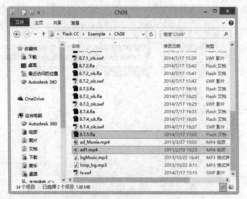

图 8-34 将练习文件与声音文件放置在同一目录

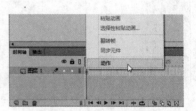

图 8-35 打开【动作】面板

3 在【动作】面板上输入下列代码，目的是创建一个 NetConnection 对象，再将 null 传给 connect()方法，以连接到本地视频文件，并从本地驱动器上播放视频文件。输入代码的结果如图 8-36 所示。

```
var nc:NetConnection = new NetConnection();
nc.connect(null);
```

4 输入下列代码，以创建一个用来显示视频的新 Video 对象，并将其添加到舞台显示列表，如图 8-37 所示。

```
var vid:Video = new Video();
addChild(vid);
```

图 8-36 输入创建类对象的代码

图 8-37 输入创建新 Video 对象的代码

5 此时需要创建一个 NetStream 对象，将 NetConnection 对象作为一个参数传递给构造函数。输入以下代码，将 NetStream 对象连接到 NetConnection 实例并设置该流的事件处理函数，如图 8-38 所示。

```
var ns:NetStream = new NetStream(nc);
ns.addEventListener(NetStatusEvent.NET_STATUS,netStatusHandler);
ns.addEventListener(AsyncErrorEvent.ASYNC_ERROR, asyncErrorHandler);
function netStatusHandler(event:NetStatusEvent):void
{
//处理netStatus事件描述
}
function asyncErrorHandler(event:AsyncErrorEvent):void
{
//忽略错误
}
```

6 输入以下代码，以使用 Video 对象的 attachNetStream() 方法将 NetStream 对象附加到 Video 对象，如图 8-39 所示。

```
vid.attachNetStream(ns);
```

图 8-38　输入创建 NetStream 对象并处理函数的代码

图 8-39　输入附加到 Video 对象的代码

7 输入以下代码，以调用 NetStream 对象的 play() 方法，同时指定视频文件的位置为开始视频播放的参数，如图 8-40 所示。

```
ns.play("ad1.mp4");
```

图 8-40　输入播放指定视频的代码

图 8-41　打开 SWF 文件观看视频播放

8 完成上述操作后，按 Ctrl+Enter 键或者选择【控制】|【测试】命令，打开 SWF 文件观看视频播放，如图 8-41 所示。

8.7.6　上机练习 6：制作可以控制播放的视频广告

本例先为练习文件的 4 个按钮元件实例设置名称，再通过【动作】面板编写加载视频并通过 4 个按钮控制视频播放的代码。

操作步骤

1 打开光盘中的 "...\Example\Ch08\8.7.6.fla" 练习文件，将用于载入的视频文件与练习文件放置在同一个目录里。

2 舞台上从左到右有 4 个按钮实例，分别为它们设置实例名称为 pauseBtn、playBtn、stopBtn、togglePauseBtn，如图 8-42 所示。

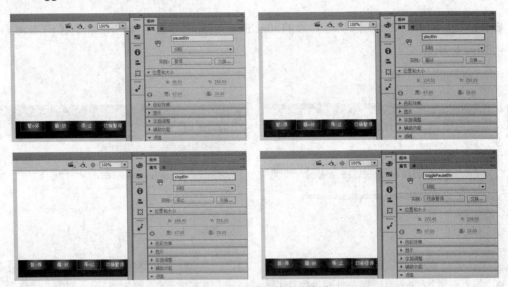

图 8-42　设置按钮的实例名称

3 在【时间轴】面板中新建图层并命名为【AS】，然后在 AS 图层第 1 帧上单击鼠标右键，再选择【动作】命令，打开【动作】面板。

4 在【动作】面板中输入下列代码，以设置加载外部视频文件，使 4 个按钮控制视频的播放与暂停，如图 8-43 所示。

```
var nc:NetConnection = new NetConnection();
nc.connect(null);
var ns:NetStream = new NetStream(nc);
ns.addEventListener(AsyncErrorEvent.ASYNC_ERROR, asyncErrorHandler);
ns.play("ad1.mp4");
function asyncErrorHandler(event:AsyncErrorEvent):void
{
//忽略错误
}
var vid:Video = new Video();
vid.attachNetStream(ns);
addChild(vid);
pauseBtn.addEventListener(MouseEvent.CLICK, pauseHandler);
playBtn.addEventListener(MouseEvent.CLICK, playHandler);
```

```
stopBtn.addEventListener(MouseEvent.CLICK, stopHandler);
togglePauseBtn.addEventListener(MouseEvent.CLICK, togglePauseHandler);
function pauseHandler(event:MouseEvent):void
{
ns.pause();
}
function playHandler(event:MouseEvent):void
{
ns.resume();
}
function stopHandler(event:MouseEvent):void
{
//暂停视频流和移动播放头回到开始视频流
ns.pause();
ns.seek(0);
}
function togglePauseHandler(event:MouseEvent):void
{
ns.togglePause();
}
```

图 8-43 输入加载视频与控制视频的代码

5 完成上述操作后，即可保存文件，按 Ctrl+Enter 键或者选择【控制】|【测试】命令，打开 SWF 文件观看视频并通过按钮控制视频，如图 8-44 所示。

图 8-44 通过按钮控制视频的播放

8.7.7 上机练习 7：在全屏模式下播放视频

本例先加入按钮元件到舞台并设置实例名称，然后通过【动作】面板编写按钮响应鼠标单击操作时为视频启动全屏模式的代码。本例的代码通过将 Stage.displayState 属性设置为 StageDisplayState.FULL_SCREEN 来启动全屏模式。这段代码将整个舞台放大为全屏，同时其中的视频根据它在舞台中所占空间的比例一同放大。

📎 操作步骤

1 打开光盘中的 "...\Example\Ch08\8.7.7.fla" 练习文件，在时间轴上新建图层 2，然后从【库】面板中将【全屏】按钮加入舞台并放置在图层 2 中，如图 8-45 所示。

2 选择按钮元件实例，打开【属性】面板，设置元件实例名称，如图 8-46 所示。

图 8-45　新建图层并加入按钮元件

图 8-46　设置按钮元件实例名称

3 在【时间轴】面板中新建图层并命名为【AS】，然后在 AS 图层第 1 帧上单击鼠标右键，再选择【动作】命令，打开【动作】面板。

4 在【动作】面板中编写以下代码，为按钮设置启用全屏模式的功能，如图 8-47 所示。

```
addChild(fullScreenButton);
fullScreenButton.addEventListener(MouseEvent.CLICK, fullScreenButtonHandler);
function fullScreenButtonHandler(event:MouseEvent)
{
stage.displayState = StageDisplayState.FULL_SCREEN;
}
```

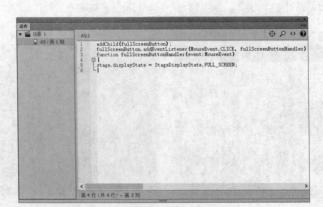

图 8-47　编写代码

5 编写代码后，通过【控制】|【测试】命令打开播放器播放的动画是无法测试全屏幕功能的，需要将动画发布成 HTML 文件才可以。因此本步骤选择【文件】|【发布设置】命令，然后在对话框中选择【HTML 包装器】项目，再设置模板为【仅 Flash – 允许全屏】选项，接着单击【发布】按钮，将动画发布成 HTML 文件，如图 8-48 所示。

6 在发布文件的目录中打开发布出的 HTML 文件，然后单击【全屏幕】按钮，即可启用全屏幕模式，如图 8-49 所示。当需要退出全屏幕模式时，按 Esc 键即可。

图 8-48 设置发布选项并发布文件

图 8-49 启用全屏幕模式

8.7.8 上机练习 8：制作可切换视频的广告动画

本例先为播放视频的组件设置实例名称，再加入按钮元件并设置实例名称，然后为按钮实例应用【单击以设置视频源】预设代码片段，并且适当修改代码，制作出可以切换视频的效果。

操作步骤

1 光盘中的"...\Example\Ch08\8.7.8.fla"练习文件，选择回放组件对象，在【属性】面板上设置组件实例名称为【playBack】，如图 8-50 所示。

2 新建图层 2，然后从【库】面板中将【切换】按钮加入到舞台，如图 8-51 所示。

图 8-50 设置组件的实例名称

图 8-51 新增图层并加入按钮元件

3 选择舞台上的按钮元件实例，打开【属性】面板，再设置按钮实例的名称为【myButton】，如图 8-52 所示。

4 选择按钮元件实例，打开【代码片断】面板的【音频和视频】列表，双击【单击以设置视频源】项目，以添加 ActionScript 代码，如图 8-53 所示。

图 8-52　设置按钮实例名称

图 8-53　为按钮添加代码片断

5 打开【动作】面板，然后将｛｝内的代码修改成如图 8-54 所示，以便在单击按钮时将当前视频切换成另外一个视频。

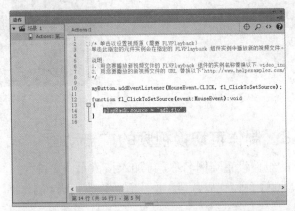

图 8-54　修改代码以指定回放组件和切换的目标文件

6 按 Ctrl+Enter 键或者选择【控制】|【测试】命令，打开 SWF 文件观看视频，并通过按钮切换视频，如图 8-55 所示。

图 8-55　通过播放器上的按钮切换视频

8.8　评测习题

一、填充题

（1）＿＿＿＿＿＿＿是 Flash CC 配置的唯一 ActionScript 脚本语言，它在 Flash 内容和应

用程序中实现了交互性、数据处理以及其他功能。

（2）在 ActionScript 中处理视频涉及多个类的联合使用，这些类是_____、StageVideo 类、NetStream 类、Camera 类。

（3）NetStream 类提供了四个用于控制视频播放的主要方法，它们分别是：_____、resume()、seek()、togglePause()。

二、选择题

（1）以下哪个不是 ActionScript 3.0 的特色？ （   ）

    A. 新增的 ActionScript 虚拟机

    B. 提供更为先进的编译器代码库

    C. 扩展并改进的应用程序编程接口（API）

    D. 不会提供基于文档对象模型（DOM）第 3 级事件规范的事件模型

（2）在编写执行事件处理的 ActionScript 代码时，需要识别三个重要元素，以下哪个不是上述说明的重要元素？ （   ）

    A. 事件源　　　　B. 事件　　　　　　C. 方法　　　　　　D. 响应

（3）在处理声音的 ActionScript 代码中，"play(1000,10);" 的含义是什么？ （   ）

    A. 从声音第 1000 秒起连续播放 10 次　　B. 从声音第 1 秒起连续播放 10 次

    C. 从声音第 10 秒起连续播放 1000 次　　D. 从声音第 10 秒起连续播放 10 次

三、判断题

（1）ActionScript 用来向 Flash 应用程序添加交互性的语言，此类应用程序可以是简单的 SWF 动画文件，也可以是复杂的功能丰富的 Internet 应用程序。 （   ）

（2）在使用 ActionScript 3.0 处理影片剪辑时，play() 和 stop() 方法是控制播放的唯一方法。 （   ）

（3）使用 gotoAndPlay() 可以使影片剪辑跳到指定为参数的帧编号。 （   ）

（4）通过使用 ActionAcript 3.0 中的 Sound 对象调用 Sound.play() 方法，可以播放加载的声音。 （   ）

四、操作题

为练习文件中的【按钮】元件实例应用【单击以转到 Web 页】代码片断，以便可以在单击该按钮时，登录指定的网站，如图 8-56 所示。

图 8-56　单击按钮即可打开 Adobe 网站

操作提示

（1）首先打开光盘中的 "...\Example\Ch08\8.8.fla" 练习文件，选择舞台上的按钮元件实例并设置实例名称为【myButton】。

（2）选择【窗口】|【代码片断】命令，打开【代码片断】面板。

（3）选择按钮元件实例，在【代码片断】面板中双击【单击以转到 Web 页】项目。

（4）打开【动作】面板，修改 URLRequest()内的参数为 ""http://www.adobe.com/cn/""。

第9章　动画设计上机特训

学习目标

本章通过 10 个上机练习实例，介绍 Flash CC 在制作动画时的应用技巧。

学习重点

☑ 创建和应用补间动画

☑ 创建和应用传统补间

☑ 创建和应用补间形状

☑ 遮罩层和元件的使用

☑ ActionScript 3.0 编程应用

9.1　上机练习 1：画卷从中央展开的动画

本例先制作文件中卷轴移动的补间动画，然后制作一个遮挡画卷图形的补间形状剪辑动画，并将补间形状动画所在的影片剪辑实例图层转换为遮罩层，接着复制并翻转卷轴移动补间动画的影片剪辑实例，最后将卷轴影片剪辑实例放置在画卷中央。

本例最终的效果是两个卷轴从画卷中央向左右两端移动以展开画卷，如图 9-1 所示。

图 9-1　画卷从中央展开的动画效果

操作步骤

1 打开光盘中的 "...\Example\Ch09\9.1.fla" 练习文件，在时间轴上新建图层 2，然后从【库】面板中将【转轴】图形元件加入舞台并放置在中央位置，如图 9-2 所示。

2 选择图形元件实例并按 F8 键，在打开的【转换为元件】对话框中设置名称和元件类型，将图形实例转换为影片剪辑元件实例，如图 9-3 所示。

3 双击舞台上的影片剪辑实例，进入元件编辑窗口，再选择图层 1 的第 60 帧，按 F5 键插入帧，然后选择图层 1 任意帧，单击鼠标右键并选择【创建补间动画】命令，如图 9-4 所示。

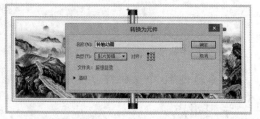

图 9-2　新建图层并加入图形元件　　　　图 9-3　将图形元件转换为影片剪辑元件

图 9-4　插入帧并创建补间动画

4 选择图层 1 的第 60 帧，按 F6 键插入属性关键帧，然后将工作区的图形元件实例移到右侧，如图 9-5 所示。

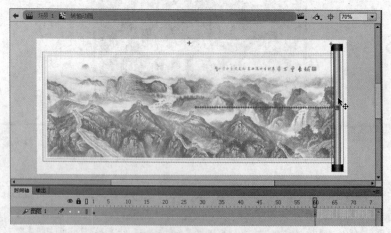

图 9-5　插入属性关键帧并调整实例位置

5 返回场景 1 并新建图层 3，将图层 3 放置在图层 1 和图层 2 之间，然后使用【矩形工具】 ▣ 在舞台中央位置绘制一个红色无笔触的图形对象，如图 9-6 所示。

图 9-6　新建图层并绘制图形对象

6 选择图形对象并按 F8 键，在打开的【转换为元件】对话框中设置元件名称和类型，再单击【确定】按钮，如图 9-7 所示。

7 双击元件实例进入元件编辑窗口，然后在图层 1 第 60 帧上插入关键帧，再使用【任意变形工具】将图形对象向左右两边扩大，并扩大到可以完全遮盖画卷，如图 9-8 所示。

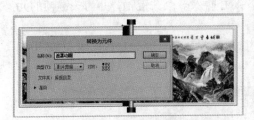

图 9-7　将图形对象转换为影片剪辑元件

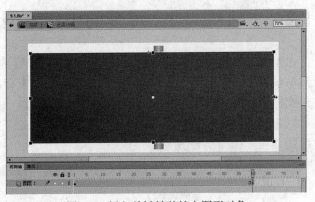

图 9-8　插入关键帧并扩大图形对象

8 选择图层 1 任意帧并单击鼠标右键，从菜单中选择【创建补间形状】命令，然后返回场景 1 中，将图层 3 转换为遮罩层，如图 9-9 所示。

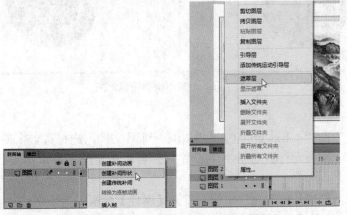

图 9-9　创建补间形状动画并设置遮罩层

9 选择图层 2 上的影片剪辑元件实例并复制，然后粘贴，为图层 2 再添加一个影片剪辑元件实例，再将后添加的实例与原有实例放置在一起，接着选择【修改】|【变形】|【水平翻转】命令，翻转后添加的元件实例，如图 9-10 所示。

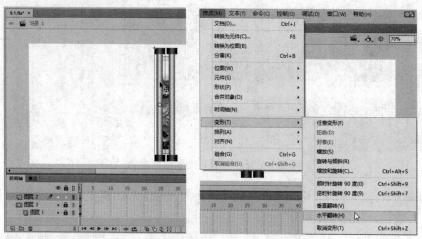

图 9-10　新添加影片剪辑元件并水平翻转

9.2　上机练习 2：可爱的小猪不倒翁动画

本例先将舞台上的小猪图形对象转换为影片剪辑元件，再为影片剪辑添加【投影】滤镜，然后使用【任意变形工具】调整影片剪辑的变形中心，接着插入多个关键帧，并为关键帧的元件实例进行旋转处理，最后创建传统补间动画。

本例最终的效果是小猪影片剪辑元件实例以底下中央点为定点并进行左右摇摆，如同不倒翁的效果，如图 9-11 所示。

图 9-11　小猪不倒翁动画效果

操作步骤

1 打开光盘中的 "...\Example\Ch09\9.2.fla" 练习文件，选择舞台上的图形对象再按 F8 键，在打开的【转换为元件】对话框中设置元件名称和类型，再单击【确定】按钮，如图 9-12 所示。

2 选择舞台上的影片剪辑元件实例，打开【属性】面板，为实例添加【投影】滤镜，然后设置各项参数，其中颜色为【深灰色】，如图 9-13 所示。

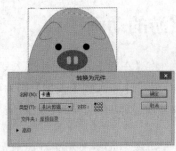
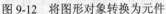

图 9-12　将图形对象转换为元件　　　　图 9-13　为实例添加投影滤镜

3 选择【任意变形工具】，使用该工具选择舞台的元件实例，然后将变形中心移到变形框底框的中央处，如图 9-14 所示。

4 分别在图层 1 的第 20 帧、40 帧和 60 帧上插入关键帧，如图 9-15 所示。

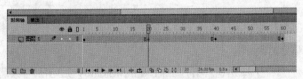

图 9-14　设置元件实例变形中心的位置　　　　图 9-15　插入多个关键帧

5 分别选择图层 1 的第 1 帧和第 40 帧，使用【任意变形工具】向左上方旋转元件实例，然后分别选择图层 1 的第 20 帧和第 60 帧，再次使用【任意变形工具】向右上方旋转元件实例，如图 9-16 所示。

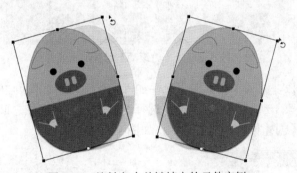

图 9-16　旋转各个关键帧中的元件实例

6 选择图层 1 各个关键帧之间的帧，然后单击鼠标右键并从弹出的菜单中选择【创建传统补间】命令，创建传统补间动画，如图 9-17 所示。

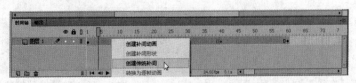

图 9-17　创建传统补间动画

9.3　上机练习3：一起骑车去旅游的动画

本例先创建一个【车轮滚动】影片剪辑元件，将【车轮】图形元件加入影片剪辑元件内，制作车轮滚动的动画，然后将【车轮滚动】影片剪辑元件加入到【人物】影片剪辑元件内，接着将该元件加入到舞台，制作【人物】影片剪辑元件的移动补间动画，最后适当调整一下元件的角度和路径形状，并设置补间属性即可。

本例的最终效果是骑车的人物从卡通场景的右边移到左边，在此过程中车轮一直在滚动，呈现出人物骑车去旅游的画面，如图 9-18 所示。

图 9-18　人物骑车经过场景的动画效果

操作步骤

1 打开光盘中的 "...\Example\Ch09\9.3.fla" 练习文件，选择【插入】|【新建元件】命令，在弹出的【创建新元件】对话框中设置元件的名称和类型，再单击【确定】按钮，如图 9-19 所示。

 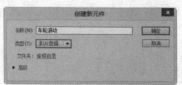

图 9-19　创建【车轮滚动】影片剪辑元件

2 打开【库】面板，将【车轮】图形元件加入元件窗口，如图 9-20 所示。

3 选择图层 1 的第 10 帧并插入关键帧，选择图层 1 两个关键帧之间的任意帧并单击鼠标右键，从菜单中选择【创建传统补间】命令，如图 9-21 所示。

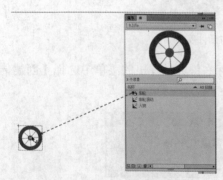 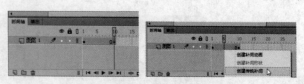

图 9-20　加入【车轮】图形元件　　　图 9-21　插入关键帧并创建动画

4 选择传统补间范围的任意帧，打开【属性】面板，再设置顺时针旋转 2 次的属性，然后使用【任意变形工具】选择【车轮】图形元件，确保变形心中处于元件中心位置，如图 9-22 所示。

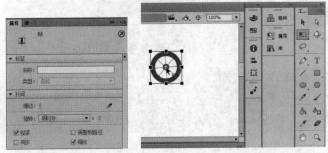

图 9-22　设置动画属性和变形中心位置

5 打开【库】面板并双击【人物】影片剪辑元件，打开元件编辑窗口后，在时间轴上新建图层 2 和图层 3，调整两个图层的顺序，接着分别在图层 2 和图层 3 上加入【车轮滚动】影片剪辑元件并放到合适的位置上，如图 9-23 所示。

图 9-23　新建图层并加入元件

6 返回场景 1 中，新建图层 2，然后将【人物】影片剪辑元件加入舞台并放置在舞台的右边，接着选择图层 1 和图层 2 的第 60 帧，按 F5 键插入帧，如图 9-24 所示。

图 9-24　返回场景新建图层并加入元件

7 选择图层 2 的任意帧，单击鼠标右键并选择【创建补间动画】命令，然后选择图层 2

的第 60 帧并插入属性关键帧，再将【人物】元件实例移到舞台左边，如图 9-25 所示。

图 9-25　创建补间动画并调整元件实例位置

❽ 选择【任意变形工具】，再选择到第 60 帧上的【人物】元件实例，并适当调整元件实例的角度，然后使用【选择工具】修改补间动画运动路径的形状，如图 9-26 所示。

图 9-26　调整实例的角度和补间动画路径的形状

❾ 选择补间动画范围的任意帧，再打开【属性】面板，然后选择【调整到路径】复选框，设置缓动为 20，如图 9-27 所示。

图 9-27　设置补间动画的属性

9.4　上机练习 4：一个简易的对焦镜效果

本例先创建一个影片剪辑元件，在影片剪辑元件内绘制一个圆形对象，然后在舞台上放置两个位图对象，将底层的位图对象转换为影片剪辑元件并应用模糊滤镜，接着将绘制圆形的影片剪辑元件加入舞台，利用 ActionScript 3.0 的代码设置鼠标可以控制影片剪辑元件移动的功能，最后将绘制圆形的影片剪辑所在图层转换为遮罩层。

本例的最终效果是动画中有一个圆形的对焦区域，在此区域中可以看到清晰的图像，浏览者可以通过移动鼠标来移动对焦区域，如同使用对焦镜查看图像一样，如图 9-28 所示。

图 9-28　在模糊图像上使用对焦镜的效果

操作步骤

1 打开光盘中的 "...\Example\Ch09\9.4.fla" 练习文件，选择【插入】|【新建元件】命令，弹出【创建新元件】对话框后，设置元件的名称和类型，再单击【确定】按钮，如图 9-29 所示。

图 9-29　创建新元件

2 在【工具】面板中选择【椭圆工具】 ，然后设置任意填充颜色且无笔触，在元件窗口中绘制一个圆形，如图 9-30 所示。

3 返回场景 1，在时间轴上新建图层 2，然后从【库】面板中加入【位图 1】对象到舞台，如图 9-31 所示。

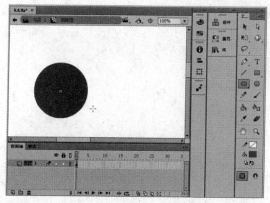

图 9-30　绘制一个圆形　　　　　图 9-31　新增图层并添加位图至舞台

267

4 隐藏图层 2，选择图层 1 上的位图对象，然后按 F8 键打开【转换为元件】对话框，再设置元件名称和类型并单击【确定】按钮，接着为元件实例添加【模糊】滤镜，如图 9-32 所示。

图 9-32　将位图转换为影片剪辑元件并添加【模糊】滤镜

5 显示图层 2，新建图层 3，然后将【清晰镜】影片剪辑元件加入到舞台，设置元件实例名称为【mc】，如图 9-33 所示。

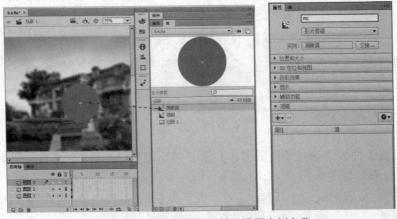

图 9-33　加入影片剪辑元件并设置实例名称

6 在时间轴上新建图层 4，选择图层 4 第 1 帧并打开【动作】面板，再编写如下代码，以设置【清晰镜】影片剪辑元件可以跟随鼠标移动，如图 9-34 所示。

```
Mouse.hide();
stage.addEventListener(MouseEvent.MOUSE_MOVE, moveThatMouse);

function moveThatMouse(evt:MouseEvent):void {
    mc.x = stage.mouseX;
    mc.y = stage.mouseY;
    evt.updateAfterEvent();
}
```

268

7 选择图层 3 并单击右键，从弹出的菜单中选择【遮罩层】命令，将图层 3 转换为遮罩层，如图 9-35 所示。

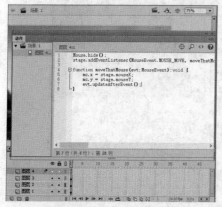

图 9-34 新建图层并编写代码

图 9-35 应用遮罩层

9.5 上机练习 5：断断续续落雨动画效果

本例先创建一个影片剪辑元件，在影片剪辑元件内加入【雨图形】辑元件，然后分别制作 3 个【雨图形】的图形元件从上而下运动的补间动画，并设置 3 个补间动画的实例名称，接着将影片剪辑元件加入舞台并启用【为 ActionScript 导出】功能，最后通过【动画】面板编写下雨场景的脚本代码。

本例的最终效果是在场景中断断续续有大小不一的雨滴落下，如图 9-36 所示。

图 9-36 制作断断续续落雨的动画效果

操作步骤

1 打开光盘中的 "...\Example\Ch09\9.5.fla" 练习文件，选择【插入】|【新建元件】命令，弹出【创建新元件】对话框后，设置元件的名称和类型，再单击【确定】按钮，如图 9-37 所示。

图 9-37 创建影片剪辑元件

2 打开影片剪辑元件编辑窗口后，从【库】面板中加入【雨图形】元件，如图 9-38 所示。

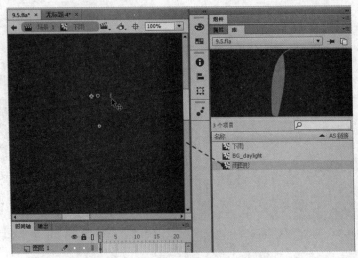

图 9-38　加入图形元件到影片剪辑内

3 选择图层 1 的第 25 帧并插入帧，然后在任意帧上单击鼠标右键，从菜单中选择【创建补间动画】命令，接着为第 25 帧插入属性关键帧，调整图形元件实例的位置，如图 9-39 所示。

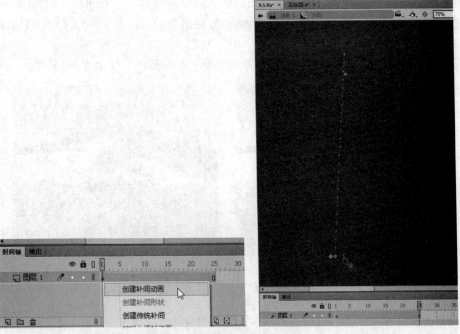

图 9-39　创建第一个补间动画

4 使用【选择工具】 修改补间动画运动路径的形状，如图 9-40 所示。

5 新建图层 2 并从【库】面板中加入【雨图形】元件，如图 9-41 所示。

6 在图层 2 上创建补间动画，然后在图层 2 第 70 帧上插入属性关键帧，并将该属性关键帧的元件实例移到下方，接着使用【选择工具】 修改补间动画运动路径的形状，如图 9-42 所示。

图 9-40 修改补间动画运动路径的形状

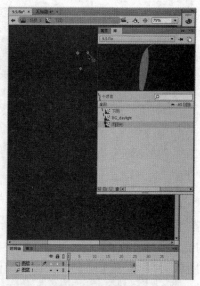

图 9-41 新建图层并再次加入图形元件

7 使用步骤 5 和步骤 6 的方法，新建图层 3 并加入图形元件，再制作元件实例从上到下移动的补间动画，如图 9-43 所示。

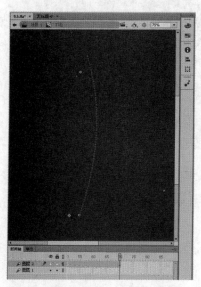

图 9-42 创建第二个补间动画

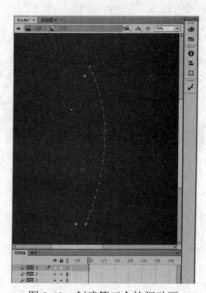

图 9-43 创建第三个补间动画

8 分别选择图层 1、图层 2 和图层 3 上的补间动画，通过【属性】面板设置补间动画的实例名称为【fast】、【medium】和【slow】，如图 9-44 所示。

9 返回场景 1 中并新建图层 1，选择图层 1 的第 1 帧并从【库】面板中加入【下雨】影片剪辑元件，然后设置元件实例名称为【myClip】，如图 9-45 所示。

图 9-44 分别设置补间动画的实例名称

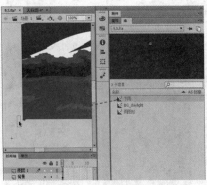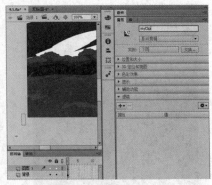

图 9-45　加入影片剪辑元件并设置实例名称

10 在【库】面板中选择【下雨】元件并单击鼠标右键，选择【属性】命令后打开【元件属性】对话框，单击【高级】按钮再选择【为 ActionScript 导出】复选框，设置类为【Rain】（其他项使用默认），单击【确定】按钮，如图 9-46 所示。

11 返回场景 1 中，新建图层 2，选择该图层的第 1 帧并打开【动作】面板，然后编写以下代码（文中附带代码注释），以制作下雨的效果，如图 9-47 所示。

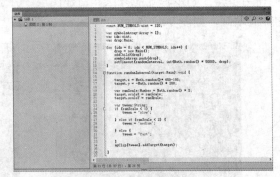

图 9-46　设置为 ActionScript 导出属性　　　　　图 9-47　编写代码

代码如下：

```
// 添加符号数。
const NUM_SYMBOLS:uint = 120;
var symbolsArray:Array = [];
var idx:uint;
var drop:Rain;
for (idx = 0; idx < NUM_SYMBOLS; idx++) {
    drop = new Rain();
    addChild(drop);
    symbolsArray.push(drop);
    setTimeout(randomInterval, int(Math.random() * 5000), drop);
}
function randomInterval(target:Rain):void {
    // 设置当前雨实例的 x 和 y 属性
    target.x = Math.random()* 650-100;
    target.y = -Math.random() * 200;
```

```
//随机比例 x 和 y
var ranScale:Number = Math.random() * 2;
target.scaleX = ranScale;
target.scaleY = ranScale;

var tween:String;
// 运动范围介于 0.0 和 1.0 之间
if (ranScale < 1) {
    tween = "slow";
// 运动范围介于 1.0 和 2.0 之间
} else if (ranScale < 2) {
    tween = "medium";

// 运动范围介于 2.0 和 3.0 之间
} else {
    tween = "fast";

}
//分配嵌套在 myClip 的补间
myClip[tween].addTarget(target);

}
```

9.6 上机练习6：在海底漂浮的气泡效果

本例先导入一个海底世界的位图作为动画背景，然后通过【动作】面板编写绘制气泡图形和使气泡进行漂浮活动的 ActionScript 代码。

本例的最终效果是有多个大小不一的气泡在海底中不规则漂浮，如图 9-48 所示。

图 9-48 制作在海底漂浮的气泡效果

操作步骤

1 打开光盘中的"...\Example\Ch09\9.6.fla"练习文件，选择【文件】|【导入】|【导入到舞台】命令，如图 9-49 所示。

2 打开【导入】对话框后，选择"...\Example\Ch09\海底世界.PNG"图像，再单击【打开】按钮，如图 9-50 所示。

图 9-49　选择【导入到舞台】命令　　　　　图 9-50　导入位图对象

3 选择位图并打开【属性】面板，设置位图的 X、Y 的值均为 0，如图 9-51 所示。

4 在时间轴上新建图层 2，再选择图层 2 第 1 帧并单击鼠标右键，从菜单中选择【动作】命令，打开【动作】面板，如图 9-52 所示。

图 9-51　设置位图的位置　　　　　图 9-52　新建图层并打开【动作】面板

5 在【动作】面板中编写绘制气泡图形和让气泡图形漂浮的脚本代码，如图 9-53 所示。代码的注释如下：

```
//自定义函数 ball，参数为 r，整数型，返回值为 MovieClip
function ball(r:int):MovieClip
{
var col:uint = 0xffffff * Math.random();//声明一个无符号整数型变量 col，获取任意颜色
var sh:MovieClip=new MovieClip();//声明一个影片剪辑类实例 sh
//在 sh 中设置渐变填充样式（放射状渐变，颜色，透明度，色块位置）；
sh.graphics.beginGradientFill(GradientType.RADIAL,[0xffffff,col,col],[0.1,1,1],[0,200,255]);
//在 sh 中画圆（圆心坐标（0,0），半径为参数 r
sh.graphics.drawCircle(0,0,r);
sh.graphics.endFill();//结束填充
return sh;//返回 sh
}
var ballArr:Array = [];//声明一个空数组 ballArr

for (var i:int=0; i<20; i++)//创建一个 for 循环，循环 10 次
{
var balls:MovieClip = ball(Math.random() * 5 + 10);//声明一个影片剪辑类实例 balls，调用函数 ball（参数 r
半径的值为 5~10 之间的随机值）
addChild(balls);//把 balls 添加到显示列表
balls.x=Math.random()*(stage.stageWidth-balls.width)+balls.width/2;//balls 的 X 坐标
```

```
balls.y=Math.random()*(stage.stageHeight-balls.height)+balls.height/2;//balls 的 Y 坐标，使它出现在舞台的
任意位置
balls.vx = Math.random() * 2 - 1;//为 balls 设置自定义属性 vx，数值为 2~1 之间的随机数，表示 X 方向的
速度
balls.vy = Math.random() * 2 - 1;//为 balls 设置自定义属性 vy，数值为 2~1 之间的随机数，表示 Y 方向的
速度
ballArr.push(balls); //把 balls 添加到数组 ballArr 中
}
}


addEventListener(Event.ENTER_FRAME,frame);//添加帧频事件侦听，调用函数 frame
function frame(e) //定义帧频事件函数 frame
{
//创建一个 for 循环，循环次数为数组 ballArr 的元素数
for (var i:int=0; i<ballArr.length; i++)
{
//声明一个影片剪辑类实例 balls，获取数组 ballArr 的元素
var balls:MovieClip = ballArr[i];
balls.x +=   balls.vx;//balls 的 X 坐标每帧增加 balls.vx
balls.y +=   balls.vy;//balls 的 Y 坐标每帧增加 balls.vy
if (balls.x < balls.width / 2) //如果 balls 出了舞台左边缘
{
balls.x = balls.width / 2;//balls 的 X 坐标获取 balls 宽度的一半
balls.vx *=   -1;//balls.vx 获取它的相反数
}
if (balls.x > stage.stageWidth - balls.width / 2) //如果 alls 出了舞台右边缘
{
//balls 的 X 坐标获取场景宽度与 balls 宽度一半的差
balls.x = stage.stageWidth - balls.width / 2;
balls.vx *=   -1;//balls.vx 获取它的相反数
}
if (balls.y < balls.height / 2) //如果 balls 出了舞台上边缘
{
balls.y = balls.height / 2;//balls 的 Y 坐标获取 balls 高度的一半
balls.vy *=   -1;//balls.vy 获取它的相反数
}
if (balls.y > stage.stageHeight - balls.height / 2) //如果 balls 出了舞台下边缘
{
//balls 的 Y 坐标获取舞台高度与 balls 高度一半的差
balls.y = stage.stageHeight - balls.height / 2;
balls.vy *=   -1;//balls.vy 获取它的相反数
}
}
//创建一个 for 循环，循环次数比数组 ballArr 元素数少 1
for (var j:int=0; j<ballArr.length-1; j++)
{
//声明一个影片剪辑类实例 ball0，获取数组 ballArr 的元素
```

```
var ball0:MovieClip = ballArr[j];
for (var m:int=j+1; m<ballArr.length; m++)//创建一个 for 循环
{
//声明一个影片剪辑类实例 ball1，获取数组 ballArr 的元素
var ball1:MovieClip = ballArr[m];
var dx:Number = ball1.x - ball0.x;//声明一个数值型变量 dx，并获取
var dy:Number = ball1.y - ball0.y;//声明一个数值型变量 dy，并获取
var jl:Number=Math.sqrt(dx*dx+dy*dy);//声明一个数值型变量 jl，获取小球的距离

//声明一个数值型变量获取小球半径之和
var qj:Number = ball0.width / 2 + ball1.width / 2;
if (jl<=qj) //如果 jl 小于等于 qj
{
//声明一个数值型变量 angle，获取 ball1 相对于 ball0 的角度
var angle:Number = Math.atan2(dy,dx);
;//声明一个数值型变量 tx，获取目标点的 X 坐标
var tx:Number = ball0.x + Math.cos(angle) * qj * 1.01
//声明一个数值型变量 ty，获取目标点的 Y 坐标
var ty:Number = ball0.y + Math.sin(angle) * qj * 1.01;
ball0.vx =  -  (tx - ball1.x);//ball0 在 X 方向的速度
ball0.vy =  -  (ty - ball1.y);//ball0 在 Y 方向的速度
ball1.vx = (tx - ball1.x);//ball1 在 X 方向的速度
ball1.vy = (ty - ball1.y);//ball1 在 Y 方向的速度
}
}
}
}
```

图 9-53　编写 ActionScript 3.0 代码

9.7　上机练习 7：立体浮雕图像滤镜效果

本例先通过 ActionScript 3.0 创建滤镜实例，然后利用"URLRequest"指令从外部加载图像，最后将斜角滤镜应用到位图上。

本例的最终效果是动画会加载并显示一个位图，且位图呈现一种立体浮雕的效果，如图 9-54 所示。

操作步骤

1 启动 Flash CC 应用程序，然后通过欢迎屏幕创建一个基于 ActionScript 3.0 的 Flash 文件，如图 9-55 所示。

图 9-54 立体浮雕图像的效果

图 9-55 新建 Flash 文件

2 选择【文件】|【保存】命令，保存文件并将 Flash 文件和需要载入的素材图像放置在同一个目录下，如图 9-56 所示。

3 选择图层上的第 1 帧，然后按 F9 键打开【动作】面板，接着输入以下代码，如图 9-57 所示。

```
//创建滤镜
import flash.display.*;
import flash.filters.BevelFilter;
import flash.filters.BitmapFilterQuality;
import flash.filters.BitmapFilterType;
import flash.net.URLRequest;

// 将图像加载到舞台上
var imageLoader:Loader = new Loader();
var url:String = "9.7.jpg";
var urlReq:URLRequest = new URLRequest(url);
imageLoader.load(urlReq);
addChild(imageLoader);
```

图 9-56 将 Flash 文件并与图像保存在同一目录

```
// 创建斜角滤镜并设置滤镜属性
var bevel:BevelFilter = new BevelFilter();
bevel.distance = 5;
bevel.angle = 45;
bevel.highlightColor = 0xFFFF00;
bevel.highlightAlpha = 0.8;
bevel.shadowColor = 0x666666;
bevel.shadowAlpha = 0.8;
bevel.blurX = 5;
bevel.blurY = 5;
bevel.strength = 5;
bevel.quality = BitmapFilterQuality.HIGH;
bevel.type = BitmapFilterType.INNER;
```

```
bevel.knockout = false;

//  对图像应用滤镜
imageLoader.filters = [bevel];
```

4 打开【属性】面板，设置舞台大小为 640×435，以便可以完全显示加载的位图，如图 9-58 所示。

图 9-57　编写加载位图和创建滤镜的代码

图 9-58　设置舞台的大小

9.8　上机练习 8：制作图像成 3D 旋转球体

本例先创建一个影片剪辑元件，并在影片剪辑内绘制两个圆形对象，然后为位图对象设置【为 ActionScript 导出】的属性，接着通过【动作】面板编写导入 ActionScript 3.0 中的 BitmapSphereBasic 类和使实例围绕三维空间旋转的代码，再最后将 BitmapSphereBasic 类文件与 Flash 文件放置在同一个目录。

本例的最终效果是将背景位图通过贴图的方式制成一个 3D 球体，并且球体在进行循环旋转，如图 9-59 所示。

图 9-59　图像被制成 3D 球体并旋转的效果

操作步骤

1 打开光盘中的"...\Example\Ch09\9.8.fla"练习文件，选择【插入】|【新建元件】命令，弹出【创建新元件】对话框后，设置元件的名称和类型，再单击【确定】按钮，如图 9-60 所示。

2 在【工具】面板中选择【椭圆工具】 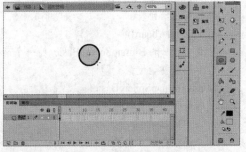，设置笔触高度为 1、笔触颜色为【黑色】、填充颜色为【灰色】，再设置工作区显示比例为 400%，绘制一个圆形，如图 9-61 所示。

图 9-60　新建影片剪辑元件　　　　　　　　　图 9-61　绘制一个圆形

3 在图层 1 第 2 帧上按 F6 键插入关键帧，再新建图层 2，然后选择图层 2 第 2 帧并插入空白关键帧，使用【椭圆工具】 ◉ 绘制一个无笔触的黑色圆形，如图 9-62 所示。

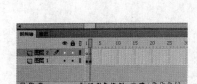
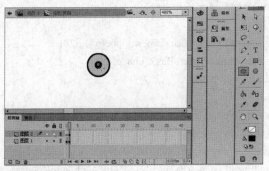

图 9-62　新建图层并再次绘制圆形

4 打开【库】面板，选择【位图 1】对象并单击鼠标右键，从弹出的菜单中选择【属性】命令，打开【位图属性】对话框后选择【ActionScript】选项卡，再选择【为 ActionScript 导出】复选框，然后设置类名称并单击【确定】按钮，如图 9-63 所示。

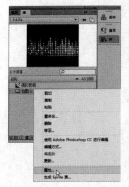
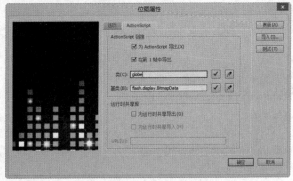

图 9-63　设置位图为 ActionScript 导出的属性

5 返回场景 1 中，新建图层 2 并选择图层 2 的第 1 帧，打开【动作】面板，编写如下代码，以加载 BitmapSphereBasic 类和使实例围绕三维空间旋转的代码（下文代码带注释），如图 9-64 所示。

```
//导入 BitmapSphereBasic 类
import globe.BitmapSphereBasic;
//创建一个球体（读取 globe 文件夹中的 BitmapSphereBasic.as 文件）
var board:Sprite = new Sprite();
//添加到显示列表
this.addChild(board);
//生成 datatype BitmapSphereBasic 的一个函数。
//设定函数初始值。
var ball:BitmapSphereBasic;
//旋转的一个布尔值的函数。
var autoOn:Boolean = true;
//两个函数为鼠标旋转。
var prevX:Number;
var prevY:Number;
//球体的位置
var ballX:Number = 350;
var ballY:Number = 250;
//进行贴图
var imageData:BitmapData = new globe(671,528);
ball = new BitmapSphereBasic(imageData);
board.addChild(ball);
ball.x = ballX;
ball.y = ballY;
//应用滤镜
ball.filters = [new GlowFilter(0xB4B5FE,0.6,32.0,32.0,1)];
this.addEventListener(Event.ENTER_FRAME,autoRotate);
board.addEventListener(MouseEvent.ROLL_OUT,boardOut);
board.addEventListener(MouseEvent.MOUSE_MOVE,boardMove);
board.addEventListener(MouseEvent.MOUSE_DOWN,boardDown);
board.addEventListener(MouseEvent.MOUSE_UP,boardUp);
function autoRotate(e:Event):void {
    if (autoOn) {
        ball.autoSpin(-1);
    }
}
//三个侦听为旋转和鼠标。
function boardOut(e:MouseEvent):void {
    autoOn = true;
}
function boardDown(e:MouseEvent):void {
    prevX = board.mouseX;
    prevY = board.mouseY;
```

```
        autoOn = false;
    }
    function boardUp(e:MouseEvent):void {
        autoOn = true;
    }
    function boardMove(e:MouseEvent):void {
        var locX:Number = prevX;
        var locY:Number = prevY;
        if (! autoOn) {
            prevX = board.mouseX;
            prevY = board.mouseY;
            ball.rotateSphere(prevY - locY,-(prevX - locX),0);
            e.updateAfterEvent();
        }
    }
}
```

❻ 将保存 BitmapSphereBasic 类的 globe 文件夹与练习文件放置在同一目录，然后打开该文件夹的 BitmapSphereBasic.as 文件，查看 BitmapSphereBasic 类的代码，如图 9-65 所示。

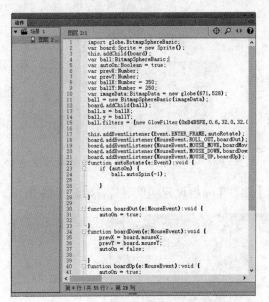

图 9-64　在【动作】面板内编写代码　　　　图 9-65　使用 BitmapSphereBasic 类文件

9.9　上机练习 9：用鼠标就让他手舞足蹈

本例先将练习文件中的【人物】图形元件加入舞台，再将它转换为影片剪辑元件，然后为影片剪辑元件实例设置名称，最后通过【动作】面板编写代码，制作实例跳动的效果。

本例的最终效果是当将鼠标移到人物上面时，人物即发生跳动，如同在手舞足蹈，如图 9-66 所示。

图 9-66　制作人物在鼠标经过时产生跳动的动画

操作步骤

1 打开光盘中的 "...\Example\Ch09\9.9.fla" 练习文件，然后将【人物】图形元件加入到舞台，如图 9-67 所示。

2 选择舞台上的图形元件实例，按 F8 键打开【转换为元件】对话框，然后设置元件名称和类型，再单击【确定】按钮，如图 9-68 所示。

图 9-67　加入图形元件到舞台　　　　　　　　　图 9-68　将图形元件转换为影片剪辑元件

3 选择舞台上的影片剪辑元件实例，再通过【属性】面板设置实例名称，如图 9-69 所示。

图 9-69　设置元件实例名称

4 在时间轴上新建图层 2，选择图层 2 的第 1 帧后单击鼠标右键，选择【动作】命令，打开【动作】面板，然后编写以下代码，设置实例在鼠标经过时发生跳动的动作，如图 9-70 所示。

图 9-70 新建图层并编写代码

编写代码如下：

```
var coordX:Number = happy_mc.x;
var coordY:Number = happy_mc.y;
var timer:Timer = new Timer(10);

happy_mc.buttonMode = true;

happy_mc.addEventListener(MouseEvent.ROLL_OVER,startShake);
happy_mc.addEventListener(MouseEvent.ROLL_OUT,stopShake);
timer.addEventListener(TimerEvent.TIMER, shakeImage);
function startShake(e:MouseEvent):void{
timer.start ()
}

function stopShake(e:MouseEvent):void{
timer.stop();
happy_mc.x = coordX;
happy_mc.y = coordY;
happy_mc.rotation = 0;
}

function shakeImage(event:Event):void {
happy_mc.x = coordX+ getMinusOrPlus()*(Math.random()*5);
happy_mc.y = coordY+ getMinusOrPlus()*(Math.random()*5);
happy_mc.rotation = getMinusOrPlus()* Math.random()*6;
}

function getMinusOrPlus():int{
var rand : Number = Math.random()*2;
if (rand<1) return -1
else return 1;
}
```

9.10 上机练习 10：可变换顺序的叠图特效

本例先将准备好的图像文件导入到库，然后分别将位图加入舞台并转换为影片剪辑元件，再为各个影片剪辑元件设置实例名称，通过【动作】面板编写加载 transitions 类和切换实例排序的代码，最后将练习文件与 transitions 类文件夹保存在同一目录即可。

本例的最终效果是使用鼠标单击层叠的图像时，被单击的图像将自动切换到最上层，原来最上层的图像将调到最底层，如图 9-71 所示。

图 9-71　制作层叠的图像可以自动切换排列顺序的效果

操作步骤

1 打开光盘中的 "...\Example\Ch09\9.10\9.10.fla" 练习文件，选择【文件】|【导入】|【导入到库】命令，打开【导入到库】对话框后，选择要导入的图像文件，再单击【打开】按钮，如图 9-72 所示。

2 在时间轴上新建图层 2，将【库】面板中的第一个位图加入舞台，如图 9-73 所示。

图 9-72　导入图像文件

图 9-73　新建图层并加入位图

3 选择加入舞台的位图对象，再打开【转换为元件】对话框，将位图转换为影片剪辑元件，如图 9-74 所示。

4 使用步骤 2 和步骤 3 的方法，将其他位图加入舞台，并分别将位图转换为影片剪辑元件，结果如图 9-75 所示。

图 9-74　将位图转换为影片剪辑元件　　　图 9-75　加入其他位图并转换为元件

5 选择最底层的影片剪辑实例，再设置实例名称为【photo1】，然后使用相同的方法设置另外两个影片剪辑实例的名称，如图 9-76 所示。

6 分别选择三个影片剪辑元件实例，然后通过【属性】面板为它们添加【投影】滤镜，如图 9-77 所示。

图 9-76　设置元件实例名称　　　　　图 9-77　为元件实例添加投影滤镜

7 在时间轴上新建图层 3，选择图层 3 第 1 帧并打开【动作】面板，然后编写加载 transitions 类和使实例进行切换的代码，如图 9-78 所示。

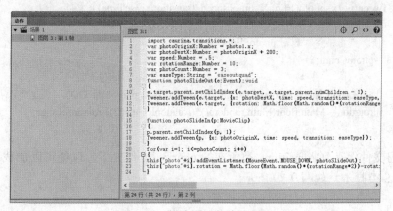

图 9-78　新建图层并编写代码

代码编写如下（带注释）：

```
//导入 transitions 类
import caurina.transitions.*;
//图像实例的原始位置，将它设为第 1 张图像实例的位置。图像实例被单击后，会移到右边，然后会回到这个位置上
var photoOriginX:Number = photo1.x;
//图像实例移到右边的位置，它在原始位置的基础上，向右移了 200 像素
var photoDestX:Number = photoOriginX + 200;
//移动需要的时间，被设为了 0.5 秒
var speed:Number = .5;
//图像实例旋转角度的限制
var rotationRange:Number = 10;
//图像实例的数量，因为只用了 3 张图像实例，所以设为 3
var photoCount:Number = 3;
//这是缓动的类型，本例使用 "easeoutquad"类型
var easeType:String = "easeoutquad";
//添加 photoSlideOut 函数
function photoSlideOut(e:Event):void
{
//被点击的图像实例移到最上层
e.target.parent.setChildIndex(e.target, e.target.parent.numChildren - 1);
//移动图片
Tweener.addTween(e.target, {x: photoDestX, time: speed, transition: easeType, onComplete:photoSlideIn,
onCompleteParams:[e.target]});
//再次应用 Tweener，这次是产生一个旋转的补间动作
Tweener.addTween(e.target, {rotation: Math.floor(Math.random()*(rotationRange*2))-rotationRange, time:
speed*2, transition: easeType});
}


//添加 photoSlideIn 函数
function photoSlideIn(p:MovieClip)
{
//首先将图像实例的索引号设为 1,放到了最下面一层，然后用 Tweener 将图像实例移回到原始位置
p.parent.setChildIndex(p, 1);
Tweener.addTween(p, {x: photoOriginX, time: speed, transition: easeType});
}
//让所有图片侦听点击事件，调用 photoSlideOut 函数
for(var i=1; i<=photoCount; i++)
{
this["photo"+i].addEventListener(MouseEvent.MOUSE_DOWN, photoSlideOut);
this["photo"+i].rotation = Math.floor(Math.random()*(rotationRange*2))-rotationRange;
}
```

8 将练习文件保存到 transitions 类所在的 caurina 文件夹下，以便可以加载 transitions 类文件夹中的 AS 类脚本，如图 9-79 所示。

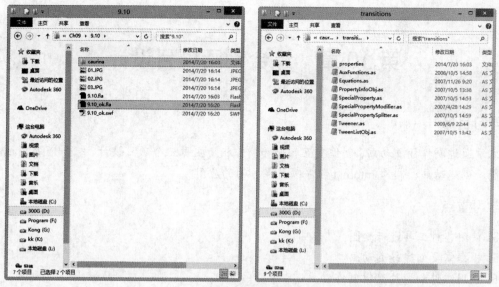

图 9-79　保存文件

第 10 章 综合动画项目设计

学习目标

本章通过制作插画动画、制作交互相册和制作相册主页三个项目设计，综合介绍 Flash CC 在绘图、创建动画、制作 Internet 程序项目等方面的应用。

学习重点

☑ 使用各种工具进行绘图
☑ 根据需要创建各类动画
☑ 使用组件和影片剪辑创作动画
☑ 使用不同类型的素材辅助创作
☑ 使用 ActionScript 3.0 实现各种功能

10.1 项目设计 1：吹气泡的卡通女孩

本项目设计以绘画为主，应用补间形状为辅。首先使用各种绘图工具和路径编辑工具，绘制出一个吹着气球的可爱小女孩插画，然后制作气球吹大并爆掉的补间形状动画，最后制作吹爆气球后小女孩微笑的补间形状动画。

本例的最终效果是卡通小女孩将气球慢慢吹大最后爆掉，然后小女孩笑起来的动画场景，如图 10-1 所示。

图 10-1　小女孩将气球吹爆的动画效果

10.1.1 上机练习 1：绘制卡通插画

下面将使用多种绘图和编修工具绘制卡通小女孩插画，其中包括椭圆工具、选择工具、部分选取工具、锚点工具、任意变形工具等。

🖱 操作步骤

1 启动 Flash CC 应用程序，在欢迎屏幕上单击【ActionScript 3.0】按钮，新建一个 Flash 文件，如图 10-2 所示。

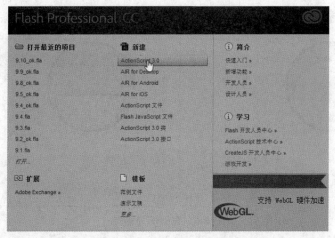

图 10-2　新建 Flash 文件

2 在【工具】面板中选择【椭圆工具】 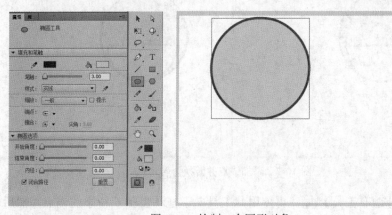，再设置笔触颜色为【#CC0000】、填充颜色为【#FFCC99】、笔触高度为 3，然后在舞台上绘制一个圆形对象，如图 10-3 所示。

图 10-3　绘制一个圆形对象

3 在不选择圆形对象的情况下，更改填充颜色为【白色】，再次绘制一个较小的圆形对象，并将两个对象放置在一起，如图 10-4 所示。

4 在【工具】面板中选择【部分选取工具】 ，然后使用此工具在较小的圆形对象笔触上单击，显示路径，如图 10-5 所示。

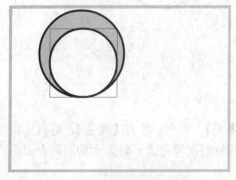

图 10-4　绘制另一个圆形对象

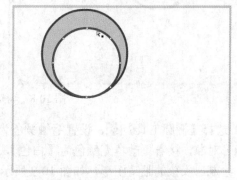

图 10-5　显示圆形对象的路径

5 选择【删除锚点工具】 ，然后将圆形对象路径上半部分的锚点删除，如图 10-6 所示。

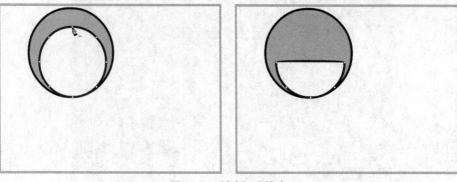

图 10-6　删除部分锚点

6 选择【添加锚点工具】 ，然后在水平笔触的中央位置单击添加一个锚点，再选择【转换锚点工具】 ，将新增的平滑点转换为转角点，如图 10-7 所示。

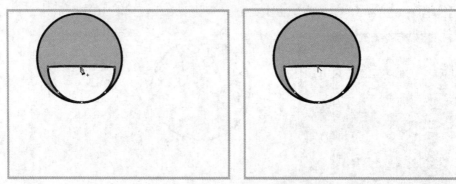

图 10-7　添加锚点并转换为转角点

7 选择【部分选取工具】 ，再使用此工具向下拖动步骤 6 新添的锚点，然后分别调整其他锚点的位置，如图 10-8 所示。

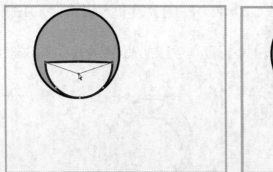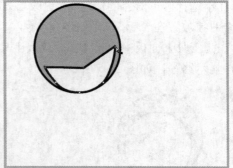

图 10-8　调整锚点的位置

8 选择【椭圆工具】 ，设置笔触颜色为【无】、填充颜色为【黑色】，然后分别绘制两个小圆形对象，接着更改填充颜色为【白色】，并分别在黑色圆形对象上绘制两个很小的圆形对象，绘制出女孩的眼睛图形，如图 10-9 所示。

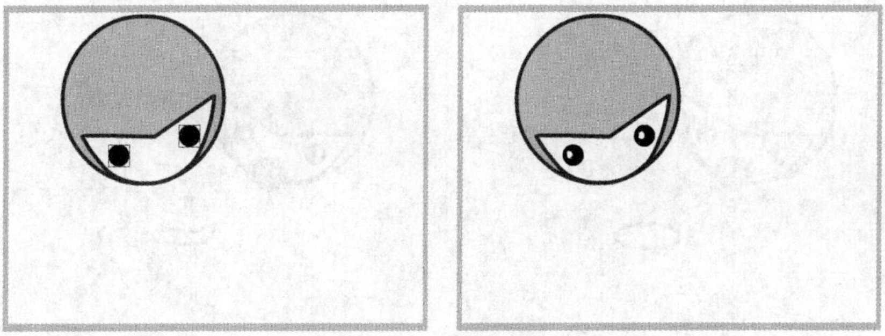

图 10-9　绘制眼睛图形

9 选择【线条工具】，设置笔触颜色为【黑色】、笔触高度为 2，然后在两个眼睛图形上分别绘制两条直线对象，作为女孩的眼睫毛图形，如图 10-10 所示。

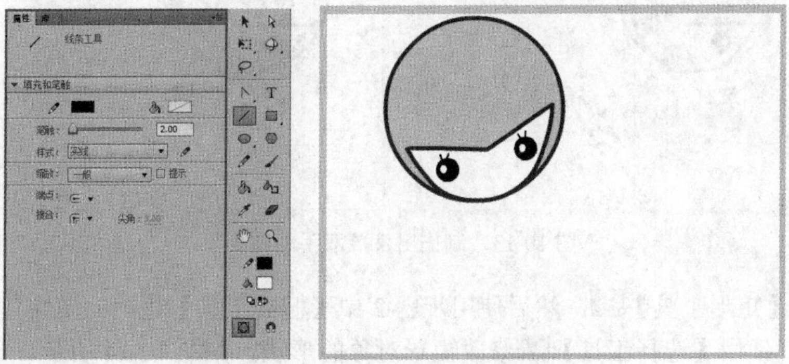

图 10-10　绘制眼睫毛图形

10 选择【椭圆工具】，设置笔触颜色为【#0099CC】、填充颜色为【#00FFFF】、笔触高度为 5，在小女孩眼睛下方绘制一个圆形对象，接着在该圆形对象上绘制一个无笔触的白色小圆形对象，制作出气球的图形，如图 10-11 所示。

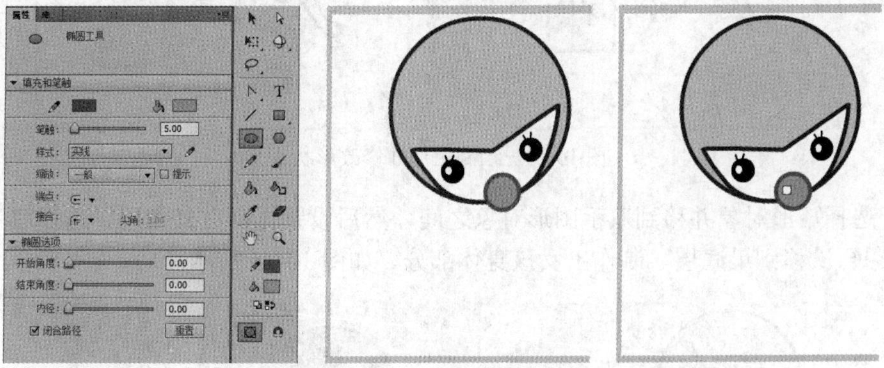

图 10-11　绘制气球图形

11 更改【椭圆工具】的笔触颜色为【#CC0000】、填充颜色为【无】，然后在舞台上绘制一个椭圆形对象，接着使用【选择工具】修改椭圆形对象的形状，如图 10-12 所示。

12 选择【任意变形工具】，然后旋转被修改后的图形对象，通过复制和粘贴的方法，制作出另一个图形对象，水平翻转粘贴出的图形对象，最后将两个图形对象放置在小女孩头部图形下方，设置排列在最底层，如图 10-13 所示。

图 10-12　绘制椭圆形对象并修改形状

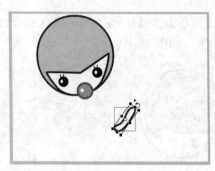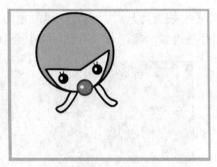

图 10-13　制作出女孩双手的图形

13 选择【矩形工具】 ，然后使用步骤 2 中【椭圆工具】相同的属性，在舞台上绘制一个矩形对象，使用【选择工具】 修改矩形对象的形状，如图 10-14 所示。

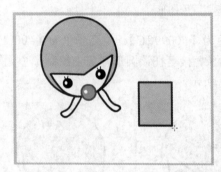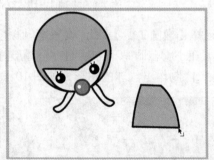

图 10-14　绘制矩形并修改形状

14 选择矩形对象并移到双手图形对象之间，然后设置排列在最底层，选择双手图形对象，将对象再次移到最底层，制作出女孩身体部分，如图 10-15 所示。

图 10-15　制作出女孩身体的图形

15 选择【矩形工具】■，设置笔触为【无】、填充颜色为【#FF9933】，然后在舞台上绘制一个矩形对象，使用【选择工具】▶修改矩形对象的形状，如图 10-16 所示。

图 10-16　绘制矩形并修改

16 选择被修改的图形对象并移到女孩身体图形下方，再通过复制的方式制作出另一个图形，然后对新增的图形对象进行水平翻转处理，将该图形放置在原图形对象的对侧，接着使用【任意变形工具】▦适当旋转图形对象，如图 10-17 所示。

17 选择【椭圆工具】●，设置笔触颜色为【#DC5050】、填充颜色为【#FFCC99】、笔触高度为 10，然后在女孩身体图形上绘制一个圆形对象，作为女孩衣服的装饰图，如图 10-18 所示。

图 10-17　制作出女孩脚的图形　　　　　　图 10-18　绘制装饰图图形

18 设置【椭圆工具】●的笔触颜色为【无】、填充颜色为【#FF9966】，然后在女孩头部圆形对象上绘制多个圆形对象，目的是将圆形对象制作成有圆点装饰的帽子图形，如图 10-19 所示。

19 设置【椭圆工具】●的填充颜色为【#CC0000】，然后在舞台上绘制一个椭圆形对象，使用【任意变形工具】▦适当旋转对象，将椭圆形对象放置在帽子图形上方，最后使用相同的方法，制作出另一个椭圆形对象，如图 10-20 所示。

图 10-19　添加帽子的装饰图形　　　　　　图 10-20　制作帽顶的图形

10.1.2　上机练习 2：制作吹气球动画

下面先将卡通女孩图形和气球图形分别放置在不同图层,然后制作气球图形逐渐变大的补间形状动画,再绘制出气球爆掉的图形,最后制作女孩笑起来的补间形状动画。

操作步骤

1 打开光盘中的 "...\Example\Ch10\10.1.2.fla" 练习文件,选择除气球图形外的所有图形对象,按 Ctrl+G 键组合对象,然后新建图层 2,并将组合的小女孩图形对象剪切到图层 2 上,将图层 2 拖到图层 1 的下方,如图 10-21 所示。

图 10-21　组合图形并分配到图层

2 选择图层 1 和图层 2 的第 100 帧,按 F5 键插入帧,如图 10-22 所示。

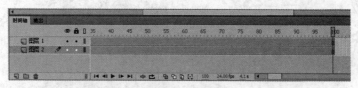

图 10-22　插入帧

3 选择气球图形的两个圆形对象,按 Ctrl+B 键将对象分离成形状,然后在图层 1 第 45 帧上插入关键帧,使用【任意变形工具】 以等比例方式从中心向外扩大形状,如图 10-23 所示。

图 10-23　分离对象后插入关键帧并扩大形状

4 选择图层 1 关键帧之间的任意帧,单击鼠标右键并选择【创建补间形状】命令,创建补间形状动画,如图 10-24 所示。

5 选择图层 2 的第 46 帧并插入空白关键帧,然后在时间轴上新建图层 3,并在图层 3 的第 45 帧上插入空白关键帧，如图 10-25 所示。

图 10-24　创建补间形状动画　　　　　　　图 10-25　编辑时间轴

6 选择【多边星形工具】，设置工具的笔触颜色为【#CC0000】、填充颜色为【#FFFF00】、笔触高度为 3、边数为 6，然后在舞台上绘制一个 6 边形对象，如图 10-26 所示。

图 10-26　绘制一个多边形对象

7 使用【选择工具】修改 6 边形的形状，然后将 6 边形对象移到气球图形的位置上，接着选择图层 3 的第 45 帧并将该帧移到第 46 帧中，如图 10-27 所示。

图 10-27　调整图形形状、位置并移动帧

8 选择图层 3 的第 49 帧，然后按 F7 键插入空白关键帧，接着新建图层 4，在该图层的第 49 帧上插入关键帧，使用【线条工具】在女孩眼睛图形下方绘制一条直线作为嘴巴图形，如图 10-28 所示。

图 10-28　编辑时间轴并绘制直线

9 选择图层 4 的第 64 帧并插入关键帧，然后使用【任意变形工具】[图]从线条中心向两边扩大，再使用【选择工具】[图]修改线条的形状，如图 10-29 所示。

图 10-29　插入关键帧并修改线条

10 选择图层 4 两个关键帧之间的任意帧，单击鼠标右键并选择【创建补间形状】命令即可，如图 10-30 所示。

图 10-30　创建补间形状动画

10.2　项目设计 2：可交互控制的相册

本项目将设计一个既可以自动播放相片，也可以进行交互控制播放相片的相册动画。在本项目的设计过程中，应用了按钮、影片剪辑、组件、ActionScript 3.0 脚本等功能。

本例的最终效果为相册动画。左侧是相片缩图区，右边是相片展示区，右下方是控制播放的功能按钮。相册动画默认以自动方式轮播展示相片，浏览者可以通过选择缩图来查看对应相片，也可以通过控制按钮来查看相片，如图 10-31 所示。

图 10-31　制作交互相册的动画效果

10.2.1 上机练习3：制作相册的基本组件

下面先将【TileList】组件加入到舞台，再创建影片剪辑元件并加入【UILoader】组件，最后添加用于显示图像标题的动态文本字段并设置属性。

操作步骤

1 打开光盘中的 "...\Example\Ch10\10.2\10.2.1.fla" 练习文件，选择【插入】|【新建元件】命令，打开【创建新元件】对话框后，设置名称为【风景】、类型为【影片剪辑】，再单击【确定】按钮，如图 10-32 所示。

2 创建影片剪辑元件后，返回场景1中，在时间轴上新建图层2，然后打开【库】面板，将步骤1新建的影片剪辑元件拖入舞台的黄色区域中央，如图 10-33 所示。

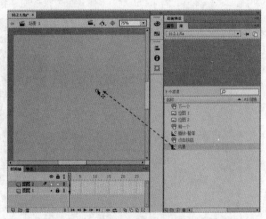

图 10-32　创建影片剪辑元件　　　　图 10-33　将影片剪辑元件加入舞台

3 使用鼠标双击影片剪辑元件实例，进入该元件的编辑窗口，打开【组件】面板，再将【TileList】组件加入元件内，如图 10-34 所示。本步骤以不半透明的黄色区域作为参考背景，将组件拖到黄色区域的左侧。

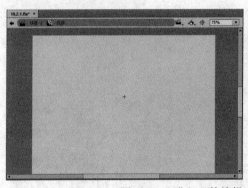
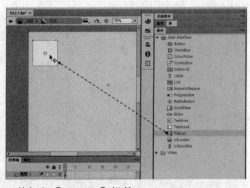

图 10-34　进入元件编辑窗口并加入【TileList】组件

4 选择【TileList】组件，打开【属性】面板，再设置组件对象的大小属性，如图 10-35 所示。

5 选择【插入】|【新建元件】命令，打开【创建新元件】对话框后，设置名称为【图像载入器】、类型为【影片剪辑】，然后单击【确定】按钮，接着打开【组件】面板，并将【UILoader】组件加入元件，如图 10-36 所示。

图 10-35　设置【TileList】组件的大小

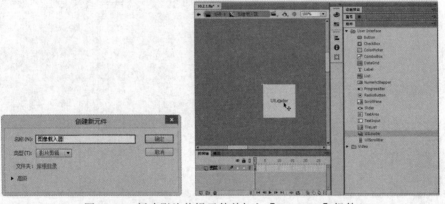

图 10-36　新建影片剪辑元件并加入【UILoader】组件

6 选择【UILoader】组件加入元件，然后打开【属性】面板，设置组件的大小和位置，如图 10-37 所示。

7 返回【风景】影片剪辑元件编辑窗口，新建图层 2，然后将【图像载入器】影片剪辑元件加入舞台，如图 10-38 所示。

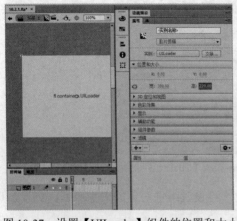

图 10-37　设置【UILoader】组件的位置和大小

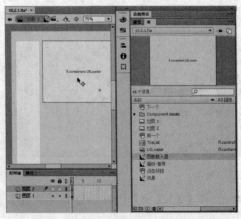

图 10-38　将【图像载入器】元件加入舞台

8 选择【图像载入器】影片剪辑元件实例，再打开【属性】面板，设置元件的大小，如图 10-39 所示。

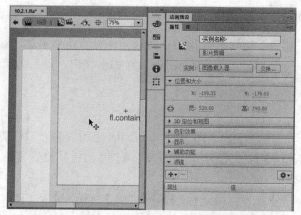

图 10-39　设置【图像载入器】元件实例的大小

9 选择【文本工具】，打开【属性】面板并选择文本类型为【动态文本】，然后新建图层 3 并在【图像载入器】元件实例上方拖出一个动态文本字段，接着通过【属性】面板设置文本字段属性，最后在文本字段上输入文本内容，如图 10-40 所示。

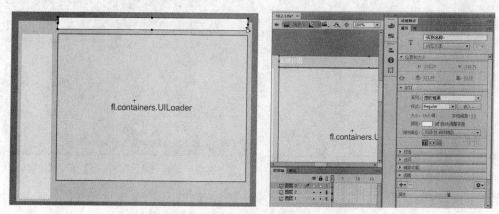

图 10-40　新建图层并创建动态文本字段

10 在【风景】影片剪辑元件窗口中新建图层 4，再通过【库】面板分别将【前一个】按钮、【播放-暂停】按钮和【下一个】按钮加入元件中，并放置在【图像载入器】影片剪辑元件实例的下方，如图 10-41 所示。

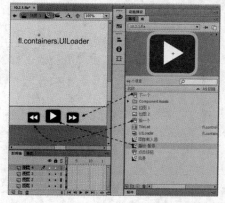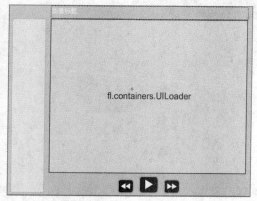

图 10-41　新建图层并加入按钮元件

10.2.2 上机练习 4：制作相册的播放功能

下面先为各个关键组件、按钮元件和影片剪辑元件设置实例名称，然后通过【动作】面板编写使相册播放与提供交互功能的 ActionScript 3.0 脚本代码，最后为组件添加滤镜效果和设置组件的参数。

操作步骤

1 打开光盘中的 "...\Example\Ch10\10.2\10.2.2.fla"练习文件，双击舞台的【风景】影片剪辑元件实例，选择【TileList】组件元件，然后打开【属性】面板并设置实例名称为【imageTiles】，如图 10-42 所示。

2 选择【图像载入器】影片剪辑元件，打开【属性】面板，设置实例名称为【imageHolder】，如图 10-43 所示。

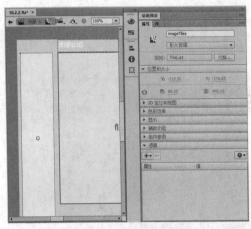

图 10-42　设置【TileList】组件元件实例名称

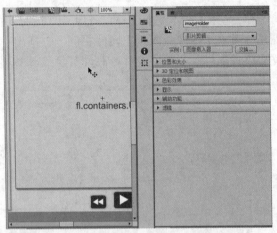

图 10-43　设置【图像载入器】元件实例名称

3 双击【图像载入器】影片剪辑元件实例，选择【UILoader】组件元件，然后通过【属性】面板设置实例名称为【imageLoader】，如图 10-44 所示。

4 返回【风景】影片剪辑元件编辑窗口中，选择动态文本字段，打开【属性】面板，设置实例名称为【title_txt】，如图 10-45 所示。

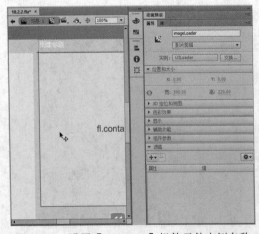

图 10-44　设置【UILoader】组件元件实例名称

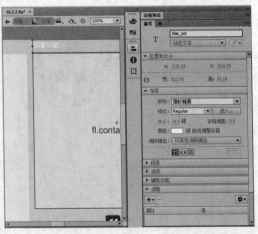

图 10-45　设置动态文本字段实例名称

5 选择【前一个】按钮元件，通过【属性】面板设置实例名称为【prev_btn】，使用相同的方法设置【播放-暂停】影片剪辑元件实例名称为【playPauseToggle_mc】，再设置【下一个】按钮元件实例名称为【next_btn】，如图 10-46 所示。

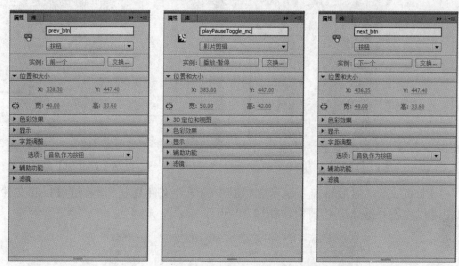

图 10-46　设置交互按钮和影片剪辑的实例名称

6 在【风景】元件编辑窗口的时间轴上新建图层 5，然后选择图层 5 第 1 帧并打开【动作】面板，编写以下 ActionScript 3.0 脚本代码，用于制作相册显示缩图和相片并播放相片，以及通过交互按钮控制相册的播放，如图 10-47 所示（详细代码可查看"10.2.2 代码.txt"文件）。

图 10-47　新建图层并编写 ActionScript 代码

7 同时选择【TileList】组件和【图像载入器】影片剪辑元件，打开【属性】面板，再打开【滤镜】选项卡并添加【斜角】滤镜，然后设置滤镜的颜色和各项参数，如图 10-48 所示。

8 选择【TileList】组件元件，打开【属性】面板，再打开【组件参数】选项卡，然后设置如图 10-49 所示的组件参数。

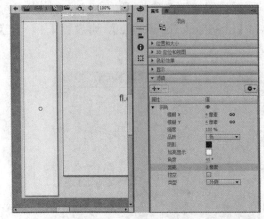

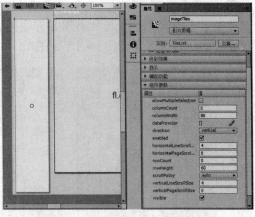

图 10-48　应用【斜角】滤镜　　　　　　图 10-49　设置【TileList】组件参数

❾ 保存 Flash 文件，然后将需要显示在相册中的图片文件复制到本例的 Flash 文件相同目录上，以便可以将图片载入到相册内，如图 10-50 所示。

图 10-50　将相册图片复制到 Flash 文件的相同目录内

10.3　项目设计 3：我的摄影相册主页

本项目将设计一个包含风景摄影、昆虫摄影、运动摄影和联系方式内容的个人摄影相册网站主页动画。在本项目的设计中，首先导入已经使用 Photoshop 设计好的主页界面图像，然后使用本章项目 2 设计的相册影片剪辑快速制成另外两个相册影片剪辑，再制作一个联系信息影片剪辑，接着将它们放置在舞台，并制作通过按钮切换这些影片剪辑，最后添加可以通过按钮控制播放和暂停的背景音乐。

本例的最终效果是相册主页动画使用一个艺术性很强的界面作为背景，然后在界面中央部分显示各个摄影相册剪辑和联系方式剪辑，并且可以使浏览者通过【风景】、【昆虫】、【运动】、

【联系】4 个按钮切换显示剪辑内容，以及可以通过单击声音图标按钮播放或停止背景音乐，效果如图 10-51 所示。

图 10-51　制作摄影相册主页动画的效果

10.3.1　上机练习 5：制作摄影相册剪辑

下面通过直接复制的方式快速创建摄影相册剪辑，然后通过修改剪辑的代码重新指定相册显示的相片和标题文本，并分别将摄影相册加入舞台并分布在不同的图层上，最后为动画帧添加停止动作。

操作步骤

1 打开光盘中的 "...\Example\Ch10\10.3\10.3.1.fla" 练习文件，打开【库】面板，选择【风景】影片剪辑元件并单击鼠标右键，从菜单中选择【直接复制】命令，然后在打开的对话框中更改元件名称为【昆虫】，单击【确定】按钮，如图 10-52 所示。

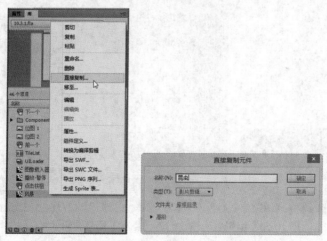

图 10-52　直接复制出【昆虫】影片剪辑元件

2 在【库】面板中双击【昆虫】元件打开编辑窗口，再选择图层 5 的第 1 帧并打开【动作】面板，修改代码中加载相片的文件名和标题文本，如图 10-53 所示。本步骤修改第 11 行代码如下：

```
var hardcodedXML:String="<photos><image title='蜜蜂'>image9.jpg</image><image title='蝴蝶
'>image10.jpg</image><image title='甲壳虫'>image11.jpg</image><image title='蚂蚁
'>image12.jpg</image><image title='螳螂'>image13.jpg</image><image title='苍蝇
'>image14.jpg</image><image title='蜘蛛'>image15.jpg</image><image title='长脚虫
'>image16.jpg</image></photos>";
```

3 使用步骤 1 和步骤 2 的方法，通过直接复制的方式创建出【运动】影片剪辑元件，并修改该影片剪辑元件中加载相片和显示相片标题文本的代码。创建的【运动】影片剪辑元件保存在【库】面板中，如图 10-54 所示。

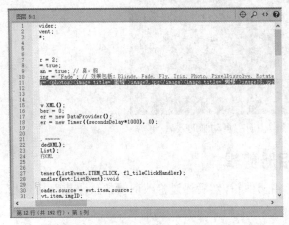

图 10-53　修改代码

图 10-54　创建【运动】影片剪辑元件

4 返回场景 1 中，在图层 1 的第 3 帧上按 F5 键插入帧，再新建图层 3 并在图层 3 第 2 帧和第 3 帧上插入空白关键帧，接着选择图层 3 的第 2 帧，将【昆虫】影片剪辑元件加入舞台，设置在与【风景】元件实例相同的位置，如图 10-55 所示。

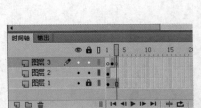

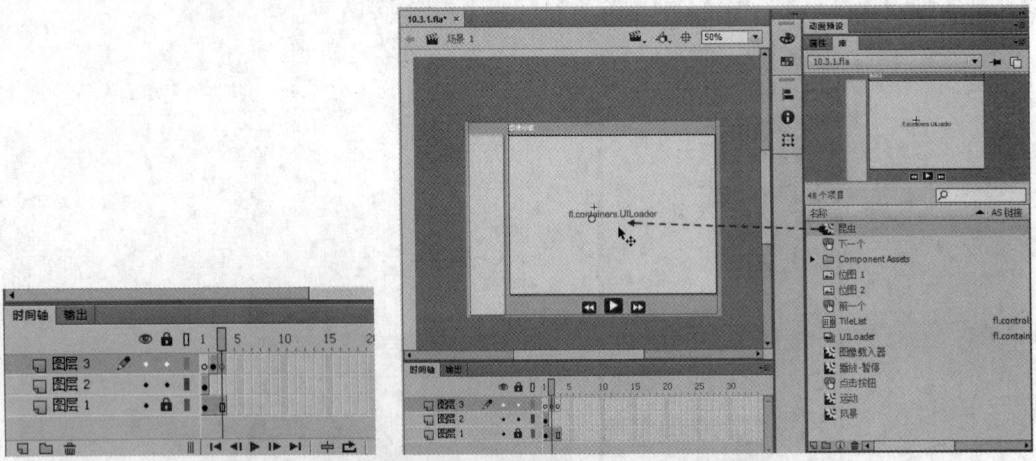

图 10-55　编辑时间轴并加入【昆虫】影片剪辑元件

5 在时间轴中新建图层 4，然后在图层 4 的第 3 帧上插入空白关键帧，将【运动】影片剪辑元件加入舞台，并设置【风景】元件实例在相同的位置，如图 10-56 所示。

6 新建图层 5，然后分别在图层 5 的第 1 帧、第 2 帧和第 3 帧上插入空白关键帧，通过【动作】面板为三个空白关键帧添加停止动作脚本代码，如图 10-57 所示。

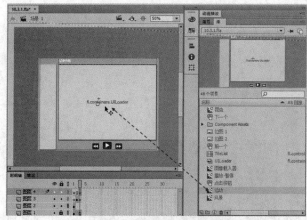

图 10-56 新建图层并加入【运动】影片剪辑

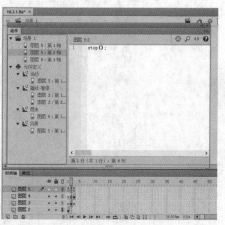

图 10-57 新建图层并添加停止代码

10.3.2 上机练习 6：制作主页和页面按钮

下面将已经使用 Photoshop 设计完成的主页图像导入到舞台并放置在底层作为背景，然后将页面上原来的文本转换为按钮元件，分别为按钮元件加入音效并为按钮元件设置实例名称，最后通过【动作】面板编写通过按钮切换显示各个相册剪辑的代码。

操作步骤

1 打开光盘中的"...\Example\Ch10\10.3\10.3.2.fla"练习文件，选择【文件】|【导入】|【导入到舞台】命令，打开【导入】对话框后选择【页面.psd】图像文件，单击【打开】按钮，如图 10-58 所示。

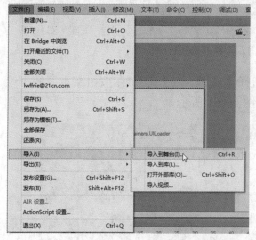

图 10-58 导入页面图像文件

2 打开导入设置对话框后，设置如图 10-59 所示的选项并单击【确定】按钮，然后将导入文件自动生成的图层移到时间轴最下层即可。

3 选择【风景】文本对象，按 F8 键打开【转换为元件】对话框，然后设置名称为【风景按钮】、类型为【按钮】，单击【确定】按钮，双击该按钮进入编辑窗口，在【指针经过】状态帧上插入关键帧，修改文本的颜色为【黄色】，如图 10-60 所示。

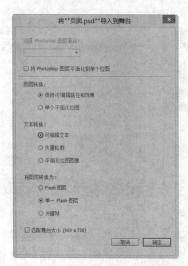
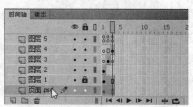

图 10-59　设置导入选项并调整图层顺序

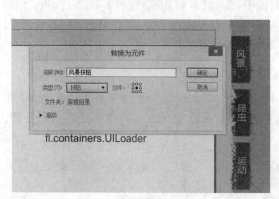

图 10-60　将文本转换为按钮元件并编辑元件

4 选择【点击】状态帧并插入关键帧，然后选择【矩形工具】 ，在按钮文本区域上绘制一个蓝色的矩形对象，作为按钮的作用区域，如图 10-61 所示。

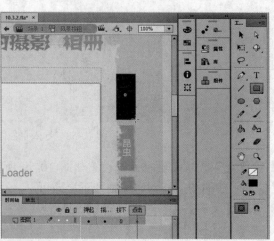

图 10-61　编辑【点击】状态帧

5 选择【文件】|【导入】|【导入到库】命令，打开【导入到库】对话框后选择【click.wav】声音文件，然后单击【打开】按钮，在按钮元件窗口新建图层 2，并在该图层【指针经过】状态帧上插入空白关键帧，最后通过【属性】面板添加声音，如图 10-62 所示。

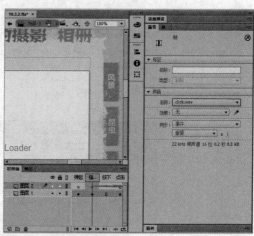

图 10-62　导入声音并添加到按钮上

6 使用步骤 3 到步骤 5 的方法，分别将页面右侧的文本转换为按钮元件，并为按钮元件添加声音，这些按钮元件将保存为【库】面板，如图 10-63 所示。

7 分别选择【风景按钮】、【昆虫按钮】、【运动按钮】和【联系按钮】4 个按钮元件，并设置各自的实例名称为 btn1、btn2、btn3、btn4，如图 10-64 所示。

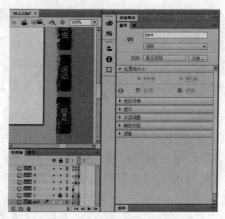

图 10-63　创建出其他按钮元件　　　　图 10-64　设置按钮元件实例名称

8 返回场景 1 中，新建一个图层并命名为【Actions】，然后编写以下代码，设置通过按钮切换显示对应相册影片剪辑的功能，如图 10-65 所示。

```
btn1.addEventListener(MouseEvent.CLICK, fl_ClickToGoToAndStopAtFrame);
function fl_ClickToGoToAndStopAtFrame(event:MouseEvent):void
{
        gotoAndStop(1);
}

btn2.addEventListener(MouseEvent.CLICK, fl_ClickToGoToAndStopAtFrame_2);
```

```
function fl_ClickToGoToAndStopAtFrame_2(event:MouseEvent):void
{
        gotoAndStop(2);
}

btn3.addEventListener(MouseEvent.CLICK, fl_ClickToGoToAndStopAtFrame_3);
function fl_ClickToGoToAndStopAtFrame_3(event:MouseEvent):void
{
        gotoAndStop(3);
}
```

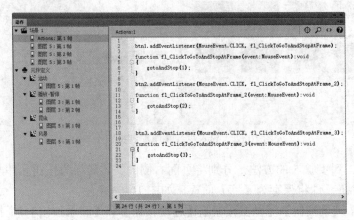

图 10-65　新建图层并编写代码

10.3.3　上机练习 7：添加联系剪辑和背景音乐

下面将创建一个包含联系信息的影片剪辑元件，然后将该元件加入舞台并编写单击【联系按钮】即可显示该影片剪辑的代码，接着将声音图标对象转换为【声音】按钮元件，编辑该按钮元件并设置实例名称，最后编写单击【声音】按钮即可播放和停止背景音乐的代码。

操作步骤

1 打开光盘中的 "...\Example\Ch10\10.3\10.3.3.fla" 练习文件，选择【插入】|【新建元件】命令，打开对话框后设置元件名称和类型，单击【确定】按钮，然后使用【文本工具】 在元件内输入【联系信息】静态文本，如图 10-66 所示。

图 10-66　创建影片剪辑元件并输入文本

2 使用【文本工具】 T 在标题文本下方拖出一个静态文本字段，输入站主的个人联系信息，如图 10-67 所示。

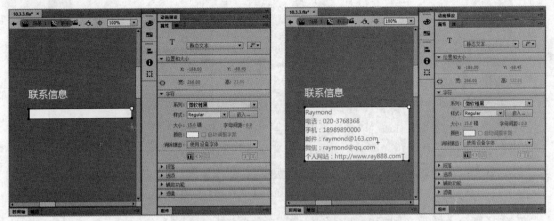

图 10-67　创建静态文本字段并输入文本

3 返回场景 1 中，分别选择图层 1 和【页面.psd】图层的第 4 帧并插入动画帧，然后在图层 4 上方创建图层 6，并在图层 6 第 4 帧上插入空白关键帧，将【联系我】影片剪辑加入舞台，如图 10-68 所示。

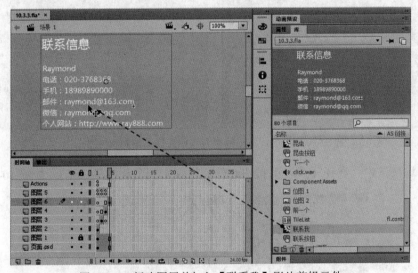

图 10-68　新建图层并加入【联系我】影片剪辑元件

4 选择图层 5 第 4 帧并插入空白关键帧，然后打开【动作】面板，添加停止动作代码，接着选择【Actions】图层的第 1 帧，通过【动作】面板编写以下代码，设置单击【联系按钮】实例即显示【联系我】影片剪辑的功能，如图 10-69 所示。

```
btn4.addEventListener(MouseEvent.CLICK, fl_ClickToGoToAndStopAtFrame_4);
function fl_ClickToGoToAndStopAtFrame_4(event:MouseEvent):void
{       gotoAndStop(4);
}
```

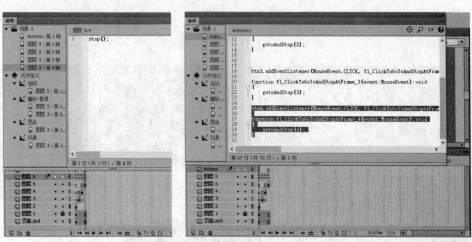

图 10-69　添加停止代码和显示【联系我】剪辑的代码

5 选择舞台上的声音图标对象，将该对象转换成名为【声音】的按钮元件，在该元件的【指针经过】状态帧上插入关键帧，并修改声音图标实例的色彩效果，如图 10-70 所示。

图 10-70　将声音图标转换为按钮元件并编辑该元件

6 返回场景 1 中，选择【声音】按钮元件，设置实例名称为【btn5】，如图 10-71 所示。

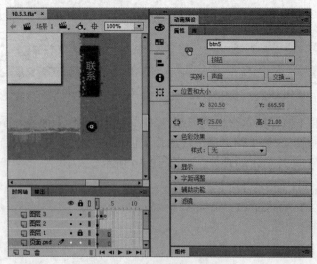

图 10-71　设置按钮实例名称

7 选择【Actions】图层第 1 帧并打开【动作】面板，然后编写以下代码，设置单击【声音】按钮即播放背景音乐，再次单击【声音】按钮即可停止背景音乐的功能，如图 10-72 所示。

```
btn5.addEventListener(MouseEvent.CLICK, fl_ClickToPlayStopSound);
var fl_SC:SoundChannel;
var fl_ToPlay:Boolean = true;
function fl_ClickToPlayStopSound(evt:MouseEvent):void
{
    if(fl_ToPlay)
    {
        var s:Sound = new Sound(new URLRequest("music.mp3"));
        fl_SC = s.play();
    }
    else
    {
        fl_SC.stop();
    }
    fl_ToPlay = !fl_ToPlay;
}
```

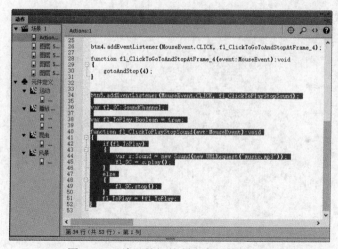

图 10-72　编写按钮控制声音播放的代码

读者回函卡

亲爱的读者：

感谢您对海洋智慧IT图书出版工程的支持！为了今后能为您及时提供更实用、更精美、更优秀的计算机图书，请您抽出宝贵时间填写这份读者回函卡，然后剪下并邮寄或传真给我们，届时您将享有以下优惠待遇：

● 成为"读者俱乐部"会员，我们将赠送您会员卡，享有购书优惠折扣。

● 不定期抽取幸运读者参加我社举办的技术座谈研讨会。

● 意见中肯的热心读者能及时收到我社最新的免费图书资讯和赠送的图书。

姓 名：_____ 性别：□男 □女 年 龄：_____

职 业：_____ 爱 好：_____

联络电话：_____ 电子邮件：_____

通讯地址：_____ 邮编：_____

1 您所购买的图书名：_____ 购买地点：_____

2 您现在对本书所介绍的软件的运用程度是在：□ 初学阶段 □ 进阶／专业

3 本书吸引您的地方是：□ 封面 □ 内容易读 □ 作者 价格 □ 印刷精美

　　　　□ 内容实用 □ 配套光盘内容 其他_____

4 您从何处得知本书：□ 逛书店 □ 宣传海报 □ 网页 □ 朋友介绍

　　　　□ 出版书目 □ 书市 □ 其他_____

5 您经常阅读哪类图书：

　　□ 平面设计 □ 网页设计 □ 工业设计 □ Flash 动画 □ 3D 动画 □ 视频编辑

　　□ DIY □ Linux □ Office □ Windows □ 计算机编程 其他_____

6 您认为什么样的价位最合适：

7 请推荐一本您最近见过的最好的计算机图书：_____

8 书名：_____ 出版社：_____

9 您对本书的评价：_____

您还需要哪方面的计算机图书，对所需的图书有哪些要求：

_____

社址：北京市海淀区大慧寺路 8 号　网址：www.wisbook.com　技术支持：www.wisbook.com/bbs

编辑热线：010-62100088　010-62100023　传真：010-62173569

邮局汇款地址：北京市海淀区大慧寺路 8 号海洋出版社教材出版中心　邮编：100081

海洋出版社